U0347716

①车前草

敢于置身艰苦的环境之中，被誉为"擅长应对踩踏遭遇的专家"。那么它的生存战略是什么呢？（第16页）

②酢浆草

明明只是一株非常不起眼的小草，但为什么却可以让许多战国时代的武将为之倾倒？（第39页）

③看麦娘

顽强地生存于旱田或水田之中的"挑战者"究竟表现出怎样的一副姿态呢？（第92页）

④苍耳

究竟是"急躁者"，还是"慢性子"呢？隐藏在"粘虫"（对通过粘在人类衣物及动物皮毛之上来达到传播目的的种子的一种俗称）之中的秘密究竟是什么呢？（第101页）

⑤戟叶蓼

在盛开着美艳花朵的地下隐藏着生存的秘密"武器"。那么这种"武器"究竟是什么呢?（第118页）

⑥早熟禾

为什么这种生存于高尔夫球场上的杂草可以一直延续这种"看起来并没有什么作用的能力"呢?（第141页）

⑦麒麟草

利用剧毒排挤"对手"，始终保持"唯我独存"的战略最终成功了吗?（第159页）

⑧菟丝子

持续运用这种貌似巧妙的"寄生战略"的最终结果是什么呢?（第180页）

我们如何才能在这个充满未知的
时代中顽强地生存下去？

像杂草一样
一样

用力生存

[日] 稲垣荣洋 著

刘江宁 译

中国科学技术出版社

·北 京·

Original Japanese title: 'ZASSOU' TO IU SENRYAKU

Copyright © Hidehiro Inagaki 2020

Original Japanese edition published by Nippon Jitsugyo Publishing Co., Ltd.

Simplified Chinese translation rights arranged with Nippon Jitsugyo Publishing Co., Ltd.

through The English Agency (Japan) Ltd. and Shanghai To-Asia Culture Co., Ltd.

北京市版权局著作权合同登记 图字：01-2021- 6045

图书在版编目（CIP）数据

　像杂草一样用力生存 /（日）稻垣荣洋著；刘江宁
译 . —北京：中国科学技术出版社，2021.11
　ISBN 978-7-5046-9258-0

　Ⅰ . ①像… Ⅱ . ①稻… ②刘… Ⅲ . ①杂草－普及读
物 Ⅳ . ① S451-49

中国版本图书馆 CIP 数据核字（2021）第 206396 号

策划编辑	杜凡如
责任编辑	龙凤鸣
封面设计	马筱琨
正文排版	锋尚设计
责任校对	焦　宁
责任印制	李晓霖

出　　版	中国科学技术出版社
发　　行	中国科学技术出版社有限公司发行部
地　　址	北京市海淀区中关村南大街 16 号
邮　　编	100081
发行电话	010-62173865
传　　真	010-62173081
网　　址	http://www.cspbooks.com.cn

开　　本	880mm×1230mm　1/32
字　　数	134 千字
印　　张	6.75
彩　　插	2
版　　次	2021 年 11 月第 1 版
印　　次	2021 年 11 月第 1 次印刷
印　　刷	北京盛通印刷股份有限公司
书　　号	ISBN 978-7-5046-9258-0 / S・783
定　　价	59.00 元

（凡购买本社图书，如有缺页、倒页、脱页者，本社发行部负责调换）

前　言

在我们生活的某些地方，有一种植物在肆意地生长。它们被人踩踏，并时时刻刻面临着被拔去的灭顶之灾。我们把这种植物称为"杂草"。

但是杂草绝不是漫无目的地生活着。

现在让我们回想一下杂草生活的场地——路边、公园、田野及院落……

作为植物生活的场所而言，杂草生存的空间是一种极其特殊的环境。

那么这些场所的共通之处是什么呢？

细想起来，杂草面临着种种风险——不知何时就会被连根拔起、任人肆意地践踏或者割除。换言之，杂草所生活的地方都是会发生种种不可预测的、激烈变化的场所。在这种环境之中，植物生存下去绝非易事。实际上，想要在路边及空地之中谋取生存下去的一席之地是非常困难的。

但尽管如此，这种被称为"杂草"的植物却偏偏选择了过于残酷的环境作为自己的栖身之地。

实际上，"杂草"是一种适应了特殊的环境且完成了特殊进化的一种植物。

这些毫不起眼的草绝不是轻松简单地生活着，因为它们作为"杂草"，生活于这个世界之中是一件非常困难的事。

眼下被称为"VUCA"时代。

所谓的"VUCA"是由Volatility（易变性）、Uncertainty（不确定性）、Complexity（复杂性）和Ambiguity（模糊性）这四个单词的首字母组合而成。"VUCA"本来是一个军事用语，但是自步入21世纪之后，它同时作为一种商务用语开始流行起来。

时代的变化一直处于不断加速的状态。这个时代已经变得不可预测，人世间也充满了各种不确定且不透明的因素。

总而言之，眼下已经变成了一个难以轻松生存的时代。

前面我们提到过，杂草适应的特殊环境是"会发生种种不可预测的激烈变化的场所"。

假设我们现在生活的时代是一个会发生种种不可预测的变化的时代，那结果会怎样呢？

这样想来，杂草的生存战略对我们人类而言一定具有很大的借鉴意义。

目　录

I　杂草的生存战略

II | 杂草的成功法则

III 杂草的处世哲学

I

杂草的
生存战略

有人说:"杂草是进化得最好的植物。"想必有很多人在听到这句话后会觉得说话人愚蠢至极。

杂草生长于我们周围的边边角角,是生活在我们身边的植物。同时,它们也是一种任人踩踏拔除的无用植物。

难道真的有人认为杂草是进化得最好的植物吗?

那些进化了的植物难道不应该生存在地球上的某些秘密之所吗?

事实上并非如此。唯有杂草才是进化得最好的植物。所谓"进化得最好",包含着以下两方面的含义:一、它们生长于我们身边的地方;二、它们能够在距离地面较近的地方绽放出各式各样的花朵。

那么,究竟是怎么回事呢?

植物是如何完成进化的呢?

另外,植物最终是如何造就出杂草这种生存形态的呢?

在悠久的历史长河中,地球的环境发生了巨大的变化。

但是植物却超越了此种变化而求得了生存。

曾经有一部鸿篇巨制的电视剧,在该电视剧的结尾之处,留了一个关于路边小杂草的镜头。

杂草是进化得最好的植物。

另外,杂草的生存方式也是进化得最完美的战略。

接下来,让我们一边追溯植物的进化历史,一边去探究杂草的生存战略吧!

第 1 章

自然界的创新之举
——植物

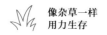

以小博大

■ 大的即好的

在过去的某些时代，人们一直信奉着"大的即好的"这样一种观念。

当然这句话并不是针对企业和商务而言的。

它是存在于植物界中的一种现象。

就植物而言，长得越大对自身越有利。毕竟，植物没有足够的光线照射并进行光合作用是无法持续生存下去的。如果某一种植物能够比旁边的植物长得更为高大，那么它就可以占据一个更高的位置，从而充分地接受阳光的照射。换句话说，单纯依靠"体形大"这一个优势，就可以拥有足够的竞争力。

体形较大的一方确实占据着有利位置。

如果终日身处其他植物的阴影之下，就不能充分地进行光合作用。为此，旁边的植物为了自身能够生存下去便也会努力变得更为高大强壮。这样一来，这些植物就在互相竞争的过程中逐渐成长了起来。

中生代亦是如此。

在恐龙生存的中生代，体形巨大的植物连成了一片片的森林。

对于植物而言，体形变大还会带来其他的好处。

食草性恐龙总是把植物作为食物而不停地啃食。但如果这些植物能够长得更为高大，在更高处生长，枝叶就不会面临着被恐龙吃掉的风险，从而达到保护自身的目的。

当然，与此同时，没有食物可吃的食草性恐龙就面临着相继灭绝的命运。为此，恐龙群体之中的某些恐龙为了能够吃到更高位置的植物，也逐渐将自身的体型进化得更为庞大。

而植物为了不被那些体型变得巨大的恐龙吃掉，也会继续变得更为高大。

植物和恐龙在相互竞争的过程当中都变得异常的巨大。

这种竞相变大的"斗争"永无止境。

总而言之，体形巨大的生物是占据有利地位的。植物就是这样和作为其竞争对手的其他植物以及作为敌人的食草性恐龙展开了种种竞争。在这一过程中，它们走上了"日益高大"的道路。

■ 安定时代的终结

自然界是一个充满竞争的社会。适者生存——这就是竞争的社会。

为了变得更强，努力让自己的体形变大的做法无疑会发

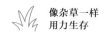
挥一定的作用。毕竟，体形巨大是"强大"的一种证明。

在同植物展开竞争，并期待体型变得更为庞大的过程中，食草性恐龙逐渐地进化出长长的脖子。雷龙就是这类恐龙的代表。不仅仅是植物与植物之间，就连植物与恐龙之间也在不断地持续"斗争"，竞相变得更为庞大。

体形巨大的一方占据压倒性的优势，因为"巨大"就等于"强大"。

至少在过去很长的一段时间中，这一理论是行得通的。

但是不久，这一时代便宣告终结了。

实际上，在恐龙生存的时代行将结束的时候，植物界就开始了一种创新之举。

那就是"草类"。

草类并不会变得体形巨大，它们在接近地面的地方生根发芽。

"大的即好的"这种古已有之的价值观在"草类"这一创新之物的身上完全被颠覆了。我们甚至可以说一个新的时代到来了。

■ "创新之举"同样改变了恐龙

"草类"这一新型价值观和新型战略也同样在很大程度上改变了恐龙的形象。

　　进入白垩纪之后，脖颈短小的恐龙开始登场了。

　　深受孩子们喜爱的三角龙就是此类恐龙的典型代表。

　　三角龙的脖子十分短小。这样一来，它们根本无法吃到那些高大树木上的枝叶。但这其实是它们为了吃到那些生长在地面上的草而不断进化之后的形象。

　　三角龙的样子和食草的牛或者犀牛非常相似。

　　"草类"作为一种新形式的植物生发出来。为了顺应这一形态，恐龙们也完成了较大程度的改变。

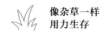

无论身处的世界如何变化，
自己绝不落伍

——平冢长次郎

■ "草类"比"树木"更年轻吗

或许会有很多人认为，比起那些构造简单、体形弱小的"草类"，形态复杂、枝繁叶茂的"树木"要进化得更为完美。但事实上并非如此。

的确，从进化的历史来看，最先出现在地表之上的是青苔一类的小型植物。但是在向蕨类植物进化的过程中，最先形成的是体形巨大的植物，它们构成了深邃广袤的森林。

另外，通常被我们称为"草类"的这一种草本植物，实际上是体形巨大的树木在新时代完成进化之后出现的形态。

尽管如此，那为什么体形巨大、笔直挺拔的树木会向体形弱小的草类进化呢？

在恐龙活跃的时代，不但气温较高，而且进行光合作用所必需的二氧化碳的浓度也很高。对于植物的成长而言，这是一个得天独厚的生存环境。为此，植物的生长能力旺盛，体形也就逐渐变得庞大起来。但是，不久这一时代便宣告终结了。

在此之前，存在于地球上的唯一大陆是一个整体，而进入这一时代后，地幔的剧烈运动开始导致整块大陆不断地分裂。分裂之后的大陆板块与板块之间互相碰撞，中间的挤压地带不断上升，从而形成了山脉。当肆意流动的风迎头撞向山脉之后会形成云，继而也就带来了雨。

如此，伴随着地壳的运动，气候开始发生变化且变得不稳定起来。

降落在山间的雨水汇集形成了河流，携带着泥沙向远处奔去，之后在下游地带逐渐堆积，形成了三角洲。人们普遍认为，"草类"所诞生的地域正是此类三角洲地区。

实际上，在新时代所诞生的"三角洲"地貌是极其不稳定的。毕竟我们无法预测在什么时候会突降大雨，引起滚滚洪水。刚刚泛滥的洪水才掠走了泥沙，转眼之间再次泛滥的洪水又将泥沙堆积起来。河水的流动就是如此的飘忽不定、心血来潮。

在这种环境之中，根本没有充足的时间来慢慢地长成参天大树。

在那里，只有那些能够在短时间内生根发芽、开花结果并延续后代的草类才能逐渐地繁盛起来。

信奉"大的即好的"这一理念的时代开始逐渐向"速度和变革"的时代过渡变化了。

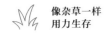
■ 进化得以实现的相关条件

作为一种具有划时代意义的进化产物，草类是如何实现这种进化的呢？

实际上，是某种具有划时代意义的创新之举在不停地推进着植物的进化。

那就是从裸子植物向被子植物的进化。

教科书中写着如下内容："裸子植物的胚珠裸露在外，而被子植物的胚珠外有子房包被，没有裸露在外。"

因为裸子植物的胚珠裸露在外，所以在为其命名时采用了包含"裸"字的"裸子"一词。而被子植物的胚珠外有子房包被，所以在为其命名的时候采用了包含"被"字的"被子"一词。

或许大家当时在生物课上会产生这样的疑问："胚珠的外面有没有子房包被真的那么重要吗？"

对于植物的进化而言，正是这种区别才称得上是一种创新之举。

胚珠是能够变成种子的重要结构。在胚珠里包含着雌性卵细胞。当花粉粒传送到雌蕊柱头上之后，花粉中的精子就会与胚珠中的卵细胞相结合，形成受精卵。这一过程也被称为"受精"。这样一来，一颗植物的种子就慢慢形成并逐渐发育起来（如图1-1所示）。

裸子植物

被子植物

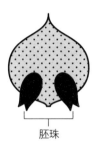

胚珠

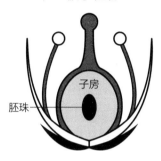

子房

胚珠

裸露在外的胚珠在
被传授花粉之后会
逐渐发育成熟

被子房包裹着的胚珠
发育至成熟状态，迎
接花粉的到来

打个比方

打个比方

某些经营鳗鱼生意的老字号
商铺在收到客人的订单之后
才会宰杀鳗鱼

某些快餐店在收到客人的
订单之前就已经提前做好
了餐食

图 1-1　裸子植物和被子植物的受精过程

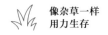
对于植物而言，胚珠是种子的前身。既然如此，裸子植物为什么会把如此重要的胚珠暴露在外呢？

胚珠想要发育成为种子，就必须与花粉完成受精过程。此时，如果植物想要准确地捕捉到那些随风四处飘动的花粉，就必须将胚珠裸露在外。当然，植物并不会一直把发育成熟的卵细胞暴露在外界的空气之中。所以，裸子植物培育下一代的方式就是努力地接收花粉，并促使胚珠发育成熟。

这就像是某些经营鳗鱼生意的老字号商铺一样，只有在收到客人的订单之后才会宰杀鳗鱼。

因此，一颗花粉从历经千辛万苦到达胚珠再到完成受精需要数月甚至一年之久。

那么，作为"新秀"的被子植物又是如何呢？

因为被子植物的胚珠被子房牢牢地包裹着，所以它可以在植物体内这一安全的环境中完成受精。因此，在花粉到来之前，植物自身就将胚珠发育至成熟状态，做好了时刻迎接花粉的准备。

这就像是某些快餐店一样，在收到客人的订单之前就已经提前做好了餐食。

一旦有花粉飘落在雌蕊柱头之上，很快就开始进行受精了。因此，从花粉降落到雌蕊一直到完成受精的时间至多需要数日。速度较快的情况下，几个小时就可以完成受精。过去需要一年之久才能完成的受精过程，现在只需较短的时间就能实现。这是一种梦幻般的提速啊！

如此一来，被子植物就可以不断地产生种子，并在短时间内完成传宗接代。传宗接代的方式得以发展，就意味着植物的进化又向前推进了一步。

这种进化速度的提升促使植物界衍生出"草类"这一新的生存形态。

■ 把恐龙逼到绝境的植物

在中生代行将结束时出现的三角龙等食草性恐龙为了能够像牛那般吃到生长在地面上的草而完成了某种进化。

那么，没有完成这种进化的食草性恐龙最终怎么样了呢？

自从被子植物在地球上取得支配地位之后，裸子植物就被迫迁移到高纬度的寒冷地带。普遍认为，那些以裸子植物为食物的恐龙也为此不得不迁徙到寒冷地区。

但是事情发展至此，并没有结束。

速度加快的植物进化并没有停止。被子植物在较短的周期内通过各种各样的努力不断地促使各种变化发生。

为了摆脱被恐龙食用的命运，某些植物的体内开始衍生出生物碱等具有毒性的化学物质。科学家研究发现，三角龙等一些为了食草而不得不完成进化的恐龙并不能够很好地适应植物体内所产生的化学毒素，因此，它们在食用了某些植物之后会出现消化不良，甚至死亡的状况。通过对白垩纪末期时代的恐龙化石进行观察，会发现它们的器官异常巨大，恐龙蛋的外壳也变得十分薄脆。这些现象作为深度生理性障碍的一种体现，不由得使我们联想到食物中毒。另外，在白垩纪晚期，以三角龙为代表的"角龙"这一群体的其他伙伴正在逐步地减少。

虽然大多数人认为恐龙灭绝的原因与小行星的撞击有关。但是，另一部分原因是伴随着植物进化速度的提升，不能顺应时代变化的恐龙逐渐被逼上绝境，直至走上了灭亡的道路。

■ 越来越大的变化持续发生

为了应对环境的变化，植物进化出了"草类"这一新的生存形态。

此后，地球迎来了冰河期，环境继续发生着变化。

冰河侵蚀着大地，使地形也发生了变化。当冰河融化之后，大河在陆地上肆意地泛滥，为了适应冰河附近变化较大的环境，某些植物不得不完成某种进化。而这些植物可以得上是"杂草的祖先"。

"杂草的祖先"是为了适应冰河所创造的特殊环境，而完成某种进化的特殊植物。

后来，在地球上发生了引起环境出现更大变化的事件。

在地球的历史长河中，一种新的生物诞生了。这种生物一直在不断地改变着地球的环境。

这种生物就是人类。

人类开垦林地，建造村落，耕耘大地，经营农田。在此前的自然环境中绝对不会发生的种种不可预测的变化此时却在频繁地发生。变化之大与变化之剧烈前所未有。

能够适应这种极为特殊的环境变化的，就是被我们称为"杂草"的这一类植物群。

所以这些毫不起眼的杂草，绝不是漫无目的地生活着。

杂草是适应了这种由人类所创造出来的"不可预测的变化"，并完成了某种特殊进化的植物。

■ 没有战略就不会成功

终于，本书的主人公——"杂草"要登场了。

但是在讲述"杂草的生存战略"之前，我们首先要对以下两个问题进行简要的阐述。一是能够使生物在自然界中获得一席之地的"生物基本生存战略"，另一个则是"组成植物生存战略的基本要素"。

或许会有人好奇，明明在讲"杂草"和"植物"的内容，为什么要被套上"战略"这样的大帽子？是不是显得有些夸张呢？其实并非如此。

自然界本身就是一个竞争激烈的世界。

激烈的生存之争在不停地重复。如果它们不能够从中获胜，那么就不能在自然界中获得一席之地。这是一个竞争多么激烈的环境呀！

在这里，可能每天都上演着比人类世界要严峻许多的生存竞争。

各种各样的生物从数亿年前就开始了这种残酷的竞争。

现在我们随处可见的种种生物都是在这种竞争之中披荆斩棘并一直获胜至今的"胜利者"。所以，在这些生物身上一定存在着某些生存的战略。

在这些战略之中，杂草的生存战略无疑占据了一席之地。

那么，让我们首先从"生物的基本生存战略"出发来逐步展开我们的话题吧！

图 1-2　车前草

第 2 章

于植物而言，何为"强大"

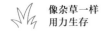
善战者，胜于易胜者也

——《孙子兵法》

■ 生存战略，数不胜数

草类是诞生于新时期的、进化得更为完美的生存形态。

树木是植物在古老时代的生存形态。

尽管如此，我们绝不能认为树木是一种毫无用处的存在形式。

假设"树木"这种生存形态真的一无是处的话，那么其很快就会在地球上灭绝殆尽。

但是，现在的自然界中不仅有草类，而且还有大量的树木。

那么，"树木"和"草类"的生存战略，究竟哪个更有优势呢？

其实，这种想法本身就是错误的。

就自然界的生存战略而言，并没有唯一正确的答案。

在自然界中，无论是"树木的生存战略"还是"草类的生存战略"，都是正确的。

但是，根据生存环境的变化，有时草类的生存战略更有利，而有时树木的生存战略更有利。当草类的生存战略占据有利地位时，就会形成广袤的草原；而当树木的生存战略占据有利地位时，就会形成深邃的森林。

并不是树木生长于森林，也不是草生长于草原。

而是树木生长于适合树木生长的地方，草生长于适合草类生长的地方。之后，才逐渐形成了森林和草原。

哪种生存战略更为先进并不是我们要讨论的重点，重要的是在何种环境之中能够生存下去。

■ 在擅长的领域一决胜负

在商务界有一个专业词语叫"核心竞争力"。

所谓的核心竞争力指的是"以压倒性优势超越他人的突出能力"或者"他人无法比拟模仿的核心能力"。

普遍认为，在商务界中能够拥有并发挥"核心竞争力"是极为重要的。这关系到己方能否在擅长的领域与人一决胜负。

或许会有很多读者对此半信半疑。

他们可能会觉得，很多企业在互相竞争、展开激战的过程中，并不能轻易地发现自己的"核心竞争力"。就算没有"核心竞争力"，在眼下的竞争当中获胜难道就不重要了吗？

实际上，真的是这样的吗？接下来我们将目光从植物界扩大到生物界之中。

就生物界而言，我们可以说唯有"核心竞争力"才是生存战略中最重要的组成部分。

纵观整个自然界，所有的生物都拥有核心竞争力。不具有核心竞争力的生物在地球上根本无法生存。

至少大家都普遍认为，从理论上讲的确是这样的。

但是在生物界之中，并不会使用"核心竞争力"这一词语，而是会选择用"生态位"[1]来表示。

■ "利基"并非"缝隙"

"利基"一词频频出现在商务场合，诸如"全球利基（Global Niche）"和"利基龙头（Niche Top）"等都是高频使

---

[1] 生态位（Niche）来源于法语。原义为"壁龛，山体或悬崖上的凹洞、缝隙和缺口"。法国人信奉天主教，在建造房屋时，常常在外墙上凿出一个不大的神龛，以供放圣母玛利亚。它虽然小，但边界清晰。在生物学中，Niche意为"生态位，生态龛"，是指一个种群在生态系统中，在时间空间上所占据的位置及其与相关种群之间的功能关系与作用，表示生态系统中每种生物生存所必需的生境最小阈值。在商务界和市场营销领域，它被用来形容大市场中的缝隙市场，指向那些被市场中的统治者/有绝对优势的企业忽略的某些细分市场。这种有利的市场位置在西方被称为Niche，海外通常译作"利基"。菲利普·科特勒在《营销管理》中提到，"利基"是更窄地确定某些群体，这是一个小市场并且它的需要没有被服务好，或者说有获取利益的基础。——译者注

用词[1]。

比如，在大企业互相角逐的领域之中存在一些他们不甚在意的"缝隙空间"，这就是"利基"。或者是专攻一些其他企业没有注意到的商品或零件等相关领域，这就叫作"利基战略"。

但是在商务界大行其道的这一词语原本却是一个生物学用语。伴随着时间的推移，这一词语也逐渐被应用于商务界当中。

在生物学中，"利基"被翻译成"生态位"。我把它称之为"能够成为第一名的唯一领域"。

实际上，在生物界中存在着这样一条明确的法则，那就是"唯有第一名才能存活下来"。这就是生物界中"物种与物种的竞争"。

比如A物种与B物种正在围绕食物场地展开激烈的竞争。

生物界的竞争是异常残酷的，它们一定会斗个你死我活才肯罢休。结果，胜利者生存下来，而失败者走向了灭亡。第一名生存了下来，而第二名却走向了灭亡。这就是自然界中铁的法则。

---

[1] 在日本，经济产业省隶属于日本中央省厅。它负责提升民间经济活力，使对外经济关系顺利发展，确保经济与产业得到发展，使矿物资源及能源的供应稳定而且保持效率。"经济产业省认定全球利基型企业（GNT，Global Niche Top）"，是日本经济产业省在国内外具有强大竞争力的公司中，评选出的那些在细分市场中通过适当的营销活动、独特性高的产品、服务开发和严格的质量控制等手段来实行差异化，并在全球市场上处于领先地位的公司。——译者注

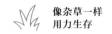

　　无论A物种或者是B物种中的哪一个存活下来，A物种与B物种都不能够实现共存。这就是自然界的竞争。

　　但是，现实中却有这样不可思议的事情。

　　既然只有第一名才能够生存下来，那么这个世界应该只会允许一个物种存在。

　　但是为什么在自然界当中却存在着如此种类繁多的生物呢？

■ 能够成为第一名的唯一领域

　　实际上，成为第一名的方法绝非只有一种。

　　在争夺某种食物的过程中大获全胜的第一名、在争夺某一栖息地的竞争中所向披靡的第一名、在某一季节中傲视群雄的第一名以及在某一个时间段内一骑绝尘的第一名，等等。这样，即便是在同一个领域中，成为第一名的方法也是千差万别的。

　　由此一来，所有的生物都有可能成为第一名。之所以在自然界中存在着多种多样的生物，就是因为每一种类的生物都有第一名。它们共同组成了"第一名的世界"。

　　或许会有人觉得，既然它们共同组成了第一名的世界，那它们一定会和谐共处吧！实际上并非如此。这是因为在自然界中存在着那条明确的铁的法则——"唯有第一名才能存活下来"。在自然界中，激烈的竞争时刻在上演。这些生物们必须保证自己成为某一领域中的第一名。为达到这一目的，它们就必须要在该领域的竞争中获得胜利。这就是生物界。

某一生物要成为第一名的方法有很多。但是该生物能够成为第一名的领域却是唯一的。对于生物而言，能够成为第一名的该领域就是"利基（生态位）"。换句话说，"利基"指的就是"能够成为第一名的唯一领域"。

我们可以把生物的竞争称为"围绕争夺利基而展开的斗争"。唯有"利基"是不可让与他人的。丢失"利基"的生物必然会从地球上灭亡。

这些生物必须在某一领域成为第一名。在该领域，必须时刻居于胜利者的位置。所以生物的"生态位"就等同于企业的"核心竞争力"。

假设我们把生物界和商务界等同起来的话，那么"核心竞争力"就是我们能够在激烈的商务竞争中存活下去的最重要的因素。

■ 并非"不能飞"，而是"不飞"

为了获得"第一名的唯一领域"，我们必须要做的重要事情是什么呢？

如果用一句概括，那就是"在自己擅长的领域与其一决胜负"。

即使是同一种能力，其效果也会随着周围环境的变化而发生较大的变化。比如，鱼类经过层层进化而变得擅长游泳。但如果把它放在了陆地上，那么它只能挣扎着跳来跳去，最后死去。所以，如果在该领域你不能够充分地发挥自身能力，那么你就会变成一种毫无用处的生物或者被淘汰的生物。

鸵鸟能够在陆地上急速地飞驰。如果它想要模仿那些在空中飞翔的鸟儿而不练习在陆地上急速飞驰，那么它一定会变成一个毫无用处的鸟。

与其幻想着飞翔，不如舍弃飞翔的梦想，转而依靠这种能力去掌握一种超越其他生物的奔跑能力。这就获得了属于自己的"利基"。

鸵鸟并不是"不能飞翔的鸟儿"，只是它选择了"不飞翔"的进化途径，从而成为"不飞翔的鸟儿"。

各种各样的生物结合各种各样的环境，选择和发展了各种各样的生存战略，并且在适合使用该战略的场所之中生存下去。

所有的生物都在灵活地运用自己的优势。也仅仅如此而已。就企业而言，那就需要灵活地运用核心竞争力来确定自己的势力范围（事业领域）。

因此，"利基"指的是生物在不断锻炼自身变成第一名能力的同时，去寻求"能够成为第一名的唯一领域"。

如果只是单纯地模仿他人的战略，那一定是行不通的，因为那是别人的"利基"。

■ 利基越小越好

我们如何才能获得"能够成为第一名的唯一领域"？

假如我们要在某一领域内成为第一名，该怎么办呢？

假设目前存在着这样一个利基——"想成为世界上跑步最快的人"。

在世界上，能够获得这一利基的唯有奥林匹克的金牌获得者。

假如我们不把利基设定为"世界上跑步最快"，而是设定为"日本国内跑步最快"的话，又该是什么样的呢？

抑或是不把利基设定为"日本国内跑步最快"，而是设定为"某都道府县中跑步最快"或者"某市町村中跑步最快"，又该是怎么样呢？[1]

---

[1] 日本的行政区划第一级是都、道、府、县。一共有1都、1道、2府和43县。1都是东京都，1道是北海道，2府是京都府和大阪府，其他还有43县。日本的都、道、府、县相当于中国的省（自治区、直辖市、特别行政区）。都、府、县以下分成两个系统：一个是城市系统，有市、町（街）、丁目（段）、番地（号）；另一个是农村系统，有郡（地区）、町（镇）和村。其中"市、郡"在日本的行政区划中属于第二级。"町、村、区"则在日本的行政区划中属于第三级。——译者注

如果参赛选手是学生，我们把利基设定为"学校范围内跑步最快"，又会如何呢？甚至我们可以将其设定为"在本班级里跑步最快"。如果我们觉得在班级里要成为跑步最快的人并非易事，那么我们把利基设定为"在运动会中一齐奔跑的数人当中跑步最快"也是可以的。

这样一来，我们对条件进行层层限定，就很容易成为第一名。

利基绝非是一个仅仅表现"缝隙"含义的词。既有大的利基，也有小的利基。

但是那些对条件进行层层限定、瞄准缝隙的人更容易成为第一名。

即便是目前世界上跑步最快的人想要在未来社会中永久地保持胜利，也是极其困难的。这样一来，即使是奥林匹克金牌的获得者，也有必要锁定能够切实取胜的范围。

因此，即便是在生物界中，利基也存在着容易变小的倾向。在自己的本班级中成为第一名，而在相邻的班级甚至是与该班级再相邻的班级中也同样有第一名。这样一来他们共同组成了"第一名的世界"。

所以利基就像缝隙那样，越小越有利。

■ "利基错开"战略

自己在本班级中是第一名，另外一个人是邻班的第一名。

如果大家就此罢手、不再竞争的话，那么世间一定充满了欢乐祥和。但是事实却绝非如此。

邻班的第一名可能正在瞄准"成为学校范围内的第一名"这一更为宏大的目标，而在不断地挑起竞争。他如果在此次竞争中败北的话，那么就会成为学校中的第二名。如果从生物界的角度来讲，就意味着该生物即将走向灭亡。

世事总是难以预料的。或许在某次班级调整的过程中，自己会与其他班级的第一名成为同班同学。也有可能某个其他学校的跑步冠军会转校来到自己所在的学校。

所以我们断不可掉以轻心。

那么，我们该如何做才好呢？

成为第一名的方法绝非一种。我们并不一定非要去参加100米的短跑比赛。我们可以去参加1500米的中跑比赛，也可以参加马拉松长跑大会。

其实，在运动会中有各种各样的参赛项目。

比如，有人擅长"吃面包比赛"，有人在障碍物竞走中

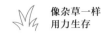

擅长"勺子运鸡蛋"[1]的竞速比赛，甚至有人在从别人那里借东西的"借物比赛"[2]中位居第一。如果我们不在运动会的项目之中一展风采，也可以在解答计算题方面拥有其他人无可比拟的速度。

所以，成为第一名的方法是多种多样的。

比起决出胜负来，我们更应该注意的是要发挥与他人不同的能力。

如果邻班的第一名在努力地准备某项竞争的话，我们与其思考在此次竞争中如何战胜他，不如去思考在哪些其他的领域能够战胜此人。

这就是在"唯有第一名才能存活下来"的自然界中努力成为第一名的方法。这样就可以结合其他生物的选择，来错开利基的选择。这就是生物的"利基战略"。

---

[1] 参加活动的选手站成一行，每人手里拿一个勺子，并且在勺子里放置一个鸡蛋。为防止手触摸到鸡蛋，未握住勺子的手必须放在背后。听到开始命令后，选手们必须冲向终点，其间鸡蛋不能落地。第一个冲到终点，并将鸡蛋安全地放到酒杯里的选手即为胜者。——译者注

[2] 日本的中学校园运动会中的比赛项目之一。每个班级各出一名选手，他们从跑道的一侧跑向另一侧装有签的箱子前，从箱子中抽一个签，签上面写了一种物品，用最快的时间向该物品的持有者借出，并带着它一起返回起点，第一个返回起点的选手获得胜利。——译者注

所谓"强大"也是多种多样的

■ 何为"弱者的战略"

生物往往会采取"弱者的战略"。

当听到"弱者的战略"这一词时，或许在很多商务人士的脑海中会浮现出"蓝契斯特法则"（Lanchester's Law）。

"蓝契斯特法则"中所说的"弱者的战略"其实指的是"选择与集中"。

"蓝契斯特法则"是在第一次世界大战时期，由英国的技术工程师蓝契斯特（F. W. Lanchester）所创立的关于战争的法则。在这之后的不久，该战略很快就被应用到产业界。眼下在充满竞争的商务界中，该战略引起了大家的重视，被称为"销售战略的圣经"。

"蓝契斯特法则"是由强者的战略和弱者的战略两部分构成的。

其中，强者的战略是十分简单纯粹的。

所谓"强者的战略"就是以数量取胜，开展"规模战"。在模仿弱者的同时，为了对其进行吞并而不断扩大规模，最终实现同质化竞争即可。因为强者是擅长竞争的，所以他们会尽可能积极地参与到竞争之中。这就是强者的逻辑。

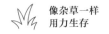

那么，弱者该如何做呢？

因为弱者并不擅长竞争，所以他们不得不尽可能地避开竞争。但是一味地躲避战斗是行不通的。所以弱者在竞争时只能选择特定的对象，集中兵力展开局部斗争，以此来取得最终胜利。换句话说，选择和集中是弱者的战略中必不可少的要素。

那么，在"蓝契斯特法则"中，"强者"究竟是怎样的一种存在呢？"蓝契斯特法则"将其定义为坐在市场占有率第一位宝座上的人（企业）。另外，除第一名之外的所有人（企业）都被定义为"弱者"。所以，第二名已经属于"弱者"的行列了。

或许会有人不由自主地觉得这种竞争太过于残酷了。但实际上，在自然界中竞争也是这样的。

在自然界之中，第二名也是弱者。并且在竞争当中败北的第二名只能走向灭亡的道路。自然界中的竞争本身就是严厉残酷的。

在自然界中，任何一种生物都不会因为没有成为第一名而能够采取强者的战略。为此，所有的生物都必须进行选择和集中，在自己擅长的领域中拼命竞争，以期长久地生存下去。

确实也存在这样一些生物——它们擅长竞争，以竞争力作为自己最大的砝码和依靠来不断地扩大自己的分布范围。但是，它们并不能够在所有的环境当中永远保持强者的地位。草原上的生物会在草原之中展开竞争，森林中的生物会在森林之中展开竞争。如此，它们都在进行着生活场地的选择。

生物就是这样选择自己所擅长的场所。

所有的生物都通过选择与集中来不断地进化自己所擅长的核心竞争力。因此，所有的生物都在各种各样的场所和环境当中成为第一名。

这样一来，胜利者们共同组成了"第一名的世界"，也因此才造就了各种各样生物共同存活的局面。

■ 组成植物战略的三大要素

英国的生态学者格里姆（J. P. Grime）在20世纪70年代提出一个理论，将植物的成功要素分成了三类。

这被称为"企业社会责任（CSR，Corporate Social Responsibility）战略"。

提及"CSR战略"，可能很多商务人士的脑海中会浮现出"企业社会责任[1]"这一层含义。但实际上，这与植物的

---

[1] Corporate social responsibility，简称CSR。指的是企业在创造利润、对股东和员工承担法律责任的同时，还要承担对劳动者、消费者、社区和环境等利益相关方的责任，其核心是保护劳动者的合法权益，包括不歧视、不使用童工、不强迫劳动等。企业的社会责任要求企业必须超越把利润作为唯一目标的传统理念，强调要在生产过程中对人的价值的关注，强调对环境、对消费者、对社会的贡献。——译者注

"CSR战略"是不同的。

植物的成功战略包括三大组成部分，它们分别是：C战略要素、S战略要素和R战略要素。因为这三大要素的关系可以通过三角形来表示，所以植物的"CSR战略"也被称为"CSR三角形理论"。

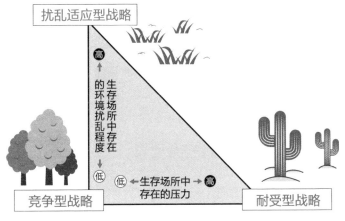

图2-1　植物的成功战略包括三大组成部分

那么植物的三大战略要素究竟具体指的是什么呢?

最初的"C战略要素"指的是"竞争型战略"。

在自然界中时刻上演着激烈的竞争。在竞争之中获胜的人会存活下来，而在竞争中败北的人会走向灭亡的道路。这就是自然界的铁的法则。

在植物界中同样如此。

不，与其说在植物界中亦是如此，我们不如说这种竞争在植物界最为激烈。

所谓竞争，指的是互相争夺资源。比如，食草性动物会为了争夺植物而展开斗争。但是，以地面上生长的草类为食物的斑马和食用高大树木上的枝叶的长颈鹿却能够实现共存。食肉动物也是如此。以斑马为食物的狮子没有必要与以小老鼠为食物的狐狸进行竞争。

但是植物却是不同的。

于植物而言，所谓的"资源"指的是水、阳光和泥土中的营养成分。

无论是对于体形巨大的树木而言，还是对于体形弱小的植物而言，甚至对所有的植物而言这些要素的必要性都是共通的。所以，在所有的植物之间，为了争夺资源而展开的种种竞争在时时刻刻地上演，因此竞争是无法逃避的。

■ 单纯依靠竞争力并不能构成"强大"

所有的植物都拥有"CSR战略"中的三大战略要素。但是在这三大战略要素中，只在竞争力方面占据优势并依靠这种优势来取得成功的植物战略叫作竞争型战略。

采用竞争型战略的植物究竟是什么样的植物呢？

那就是所谓的"强大植物"。在争夺光线照射的竞争中，体形巨大的植物占据着有利的地位。所以，相对于草而

言，树木具有更强的竞争力。

那些体形巨大的树木绵延生长成为深邃的森林。而这些植物就是采用竞争型战略的植物的典型代表。

如果想要在充满激烈竞争的社会中获得成功，竞争力是不可或缺的。这样看来，似乎除了"善于竞争"之外，也不再有其他的成功要素了。但是，我们认真思考一下这个问题——整个自然界完全被深邃的森林所覆盖了吗？事实上并非如此。

在植物界中具有很强竞争力的树木未必时时刻刻都能取得成功，草类这一物种的新型战略的出现便是最好的证明。

只擅长竞争的人未必会取得成功，这也是自然界中非常有趣的一面。

换句话说，如果想要获得成功，除了拥有强大的竞争力之外，还需要其他的要素作为支撑。

那么，除竞争力之外的两大要素究竟是什么呢？

■ 弱者取胜的条件

接下来，让我们以足球比赛作为实例来进行探讨。

当在强大的球队与弱小的球队之间展开激烈对战的时候，弱小的球队能够取得胜利吗？如果硬碰硬地展开正面交锋，那么弱小的队伍当然没有获胜的可能。

弱者的战略是选择和集中。其既可以采取严防死守、防守反击的方法，也可以从头至尾采取自己所擅长的进攻方式。

但是在足球比赛中是存在着种种规则的。比如，双方每队队员的人数必须是11人，足球场的面积和球门的大小也都是固定不变的。因此单纯地采用选择和集中这一策略，会受到种种限制，不能够达到理想的效果。

如果双方在力量上存在着天壤之别会怎么样呢？比如，小学生球队对战专业球队，弱小队伍战胜强大队伍的胜利条件究竟存在吗？

天公作美，万里无云，没有一丝风刮过。草坪被修得整整齐齐、利利索索。看到此情此景，一定会有人想着在这种绝好的条件下进行一场足球比赛吧。但是，如果在这种天公作美的条件下展开比赛，即使比赛100次，强大的队伍可能也会胜利100次。

但是，如果此时天降大雨会怎么样呢？假设此时的球场因为雨水而变得泥泞不堪，抑或狂风怒号，其结果又会如何呢？想必比赛的结果会发生些许的变化吧。

另外，如果弱小的球队此前都是在这种泥泞不堪的场所进行练习，或许会有逆袭的可能性。

如果比赛当天下起了瓢泼大雨，队员们根本看不清眼前的一切事物，球场被泛滥的雨水淹没了，球员们也看不到足球被踢到了哪里。此时，再加上狂风骤起，那么足球就只能

被随意地踢来踢去。

在这种状态下踢足球，无论是哪一方的队伍，都会觉得烦躁不堪。因此，无论是强大的球队还是弱小的球队，都无法正常地发挥出自己原本的实力。那么，弱小的球队在这种条件下就有可能战胜强大的球队。即便是没有取得最终的胜利，那么也极有可能打成平手。

另外，强大的球队或许会因为不想在这种恶劣的条件下进行比赛而未现身球场。这样一来，弱小的球队就不战而胜了。

自然界中的竞争亦是如此。

如果硬碰硬地展开正面交锋而无法取得胜利，那么双方就在恶劣的条件下一决胜负。并且，幸运的是在自然界中这种不适合植物生存的"恶劣条件"随处可见。

在这种恶劣条件下取胜的方式就是扰乱适应型和耐受型两大战略。

■ 各种各样的"强大"

接下来让我们把话题回归到"CSR三大战略"上。

"CSR三大战略"中的第二大战略指的是"耐受型战略"。

提起"压力"一词，它并非生活于现代社会中的人所独有的。对于所有的生物而言，它们都承受着压力。那么在植物界中也必然同样存在着压力。

于植物来讲，所谓"压力"指的是不适合生长和繁殖的种种状况。

比如对于某些植物而言，水和阳光是必不可少的要素。那么从此类植物的角度来看，干燥或日照不足等都会成为压力。另外，严寒和酷暑也会成为威胁植物生存的压力。

通过这种压力要素来发挥强大潜能的战略叫作耐受型战略。

所谓"强大"也是各种各样的。只是单纯地擅长竞争并非强大。能够切实忍耐住残酷的压力才是真正的强大。

耐受型植物的典型代表便是仙人掌。

仙人掌生存于没有水源的沙漠之中。没有水源对于植物而言是一种致命的恶劣条件。在这种生存环境中，植物们并没有精力去展开竞争。对于仙人掌而言，比起与其他的植物展开竞争，它们更需要的是在这种无水的环境中努力生存下去的能力。

这种条件下，"竞争力"变得可有可无。植物们只要能够克服无水的恶劣条件，那么它们无须竞争便能够生存下去。

生长于高海拔之处的高山植物也是耐受型植物的典型代表。能够忍受刺骨的寒冷和狂吹的冰雪是作为高山植物生存下去所必须具备的能力。在这种环境中，竞争力并非必须掌握的要素。

在自然界中，所有的生物都在灵活地运用自己所擅长的

核心竞争力来推进着种种进化。对于那些不擅长竞争的生物而言，与其和其他的植物展开非必要的竞争而最终走向灭亡的道路，不如去努力掌握忍受苛刻压力的生存战略。

■ 应付变化的"强项"

"CSR三大战略"中的最后一个战略指的是"扰乱适应型战略"。如果直译"Ruderal"一词，可以将其翻译为"（植物）生长在荒地上"。这种将生长于荒芜之地的能力作为自己强大之处的战略叫作扰乱适应型战略。

所谓"扰乱"指的是环境被扰乱。一些不可预测的较大变化突然发生时，这就是"扰乱"。

这种扰乱因素对于包括那些具有竞争力的高大植物在内的所有植物而言都是不利的。不，与其这样说，不如说是那些强大的竞争力在这种扰乱因素面前不能够发挥任何作用。为此，植物为了应对一次次袭来的"变化"，而不得不掌握能够灵活应对此类变化的能力。这种能力对于植物来讲才是必须具备的。

"CSR三大战略"中的每一个战略对于植物的成功生存而言都是极其重要的因素。

各种各样的植物并非泾渭分明地选择了"CSR三大战略"中的某一种类型，而是所有的植物都同时具备CSR这三大战略要素，在努力调节这三大要素平衡的同时，来不断地促进各个生存战略向前发展。

既有一些植物以竞争力（C生存战略）作为自己的强大盾牌来扩大自己的生存空间，比如巨大的树木；也有一些植物以耐受抗压（S生存战略）作为自己的强项，以期在自然界中谋求生存的一席之地，比如仙人掌和高山植物。

这种以擅长应对环境变化为长处，推进特殊进化的植物便是我们通常所说的"杂草"。

图2-2　酢浆草

第 3 章

荒野生存战略

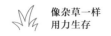

"强大"即要明白何为自身弱点

■ 杂草是柔弱的植物

虽然杂草总是给人们营造出一种顽强生存的强者印象，但实际上杂草却是一种柔弱的植物。如若说杂草为何柔弱，是因为它们不擅长竞争。

杂草是柔弱的植物，如果一对一、硬碰硬地展开竞争，那么杂草基本没有取胜的可能。因此，杂草选择的生存之所往往具备以下两大特征：一是无须展开激烈的竞争；二是容易产生种种不可预测的变化。因此，我们可以说，正因为杂草是柔弱的植物，所以它才会选择那些无须展开竞争的场所作为安身之地。反过来讲，正是因为这种被称为"杂草"的植物选择利用"适应变化"这一核心竞争力来一决胜负，所以才没有必要将精力投入在提高自身的竞争力方面。

为什么杂草却给人们营造出一种顽强生存的强者印象呢？它们生存于柏油路间的缝隙之中，即使一次又一次地被人类拔去，却仍然能够重获新生，这就是杂草的强大之处。这种强大绝非是擅长竞争的表现，而是一种能够在容易产生种种变化的环境之中生存下去的"强大"，同时也是一种能够在时时刻刻面临着被除去的风险这样一种扰乱环境中生生不息地成长的"强大"。

当然，即使杂草努力发展扰乱适应型的能力（R生存战略），也绝不意味着竞争型（C生存战略）和耐受型（S生存战略）这两大因素完全不会产生作用。

杂草会与农作物以及其他的草类展开竞争。或者它们会在缺水的干燥环境中谋求生存下去的能力。一般而言，杂草都比较擅长运用扰乱适应型生存战略，但是杂草也是各种各样、不尽相同的。在杂草之中，同样也存在着为了能够与农作物和其他的草类一决雌雄而不断提高竞争力的战略。在路边及农田等容易产生"扰乱"的环境中也存在着努力提升耐压能力的战略。

提起杂草，或许每个人都觉得它们丝毫不起眼、可以生存于任何偏僻的地方，实际上并非如此。在杂草之中也存在着各种各样的生存战略。无论是哪一种杂草都在有意识、有区别地使用CSR三大生存战略，以期在自己擅长的环境和地点之中生存下去。

■ 强大者未必取胜

如同我们在前文中所介绍的那样，作为植物成功要素的CSR之间的关系可以通过三角形来表示。

在无困难、压力且不存在环境变化扰乱因素的安定环境

之中，竞争力无疑成了决定性要素。

换言之，擅长竞争的一方会成为胜利者。

但是一方面，在压力过大的地方，擅长竞争的一方未必会取得胜利。在这种环境当中所必须要掌握的是忍受压力的能力。所以，擅长采取耐受型生存战略的一方将会占据有利的地位。

另一方面，在容易产生较大环境扰乱的地方，并不需要努力提高自身的竞争力和耐受力，而是应当提升自身应对环境变化的能力。这样才能在生存环境中占据有利地位。

那么在压力大且容易发生环境扰乱的场合之下，会怎么样呢？这就需要我们掌握"耐压"和"适应环境变化"这两种完全不同的能力。因此，在压力过分强大且环境扰乱极易发生的环境之中，植物是无法生存的。

为此，"竞争型战略""耐受型战略"和"扰乱适应型战略"共同组成了三角形的形状。这就是CSR战略（CSR三角形理论）。

■ 每一项生存战略所谋求的相关实施要素

在上文中我们介绍了三种完全不同的生存战略，那么，这三种不同的生存战略所谋求的相关实施要素是什么呢？

"竞争型战略"所谋求的相关实施要素是"尺寸（大

小）"。体形巨大的一方会擅长竞争。换言之，体形巨大的一方会占据有利地位。

"耐受型战略"所谋求的相关实施要素是什么呢？如果用一个词来概括对于耐受型战略而言什么是最为重要的，那就是储存。在仙人掌硕大圆滚的茎叶中储存着大量的水分。于能够忍耐严寒的植物而言，生长于地下的根系或球根之中储存了大量的营养成分。

那么，适用于荒野生存的"扰乱适应型战略"所谋求的相关实施要素是什么呢？

为了能够应对种种变化，植物所必须要具备的要素是"速度"。

因为它们无法预测会有多少种变化出现，所以它们没有悠闲度日的惬意条件。面对层出不穷的环境变化，它们必须要做到迅速应对。

除此之外，对于生存于荒野之中的植物而言还存在着另外一个非常重要的因素。那就是"对下一代的投资"。

种种环境变化层出不穷，新的生存时代接踵而至。"扰乱适应型植物"正在繁衍自己的子子孙孙，以期衍生出新的形态来应对环境的变化。因为即便眼下取得了成功，自己的子孙后代却未必能够长久不衰。所以在条件允许的情况下，它们绝对不会安于现状。"扰乱适应型植物"一边向自己的下一代进行种种"投资"，一边在努力地维持着自己的生命。

就这三种生存战略而言，并不存在哪一种最有力的说

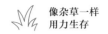

法，也不存在树木和草类哪一种占据更有利的地位的问题。究竟哪一种生存战略会发挥作用，会随着环境的改变而改变。因此，我们必须根据环境的变化来正确地选择相应的生存战略。

另外，所谓"强大"也是多种多样的。既有战胜其他植物来维护自己生存的强大，也有忍耐种种困难环境，扎扎实实地生存繁衍下去的强大。同时，能够应对种种随时袭来的变化，也算是一种强大。

■ 不斗争战略

自然界是一个充满严酷竞争的社会。但是却也存在着像扰乱适应型和耐受型这样无须展开竞争的生存战略。

依靠竞争力来获胜的战略是极其简单的。

只要是擅长竞争的人就能取得胜利。但这样一来，也就毫无值得探讨的地方了。

想要在这种竞争中获胜并非易事。毕竟对于植物的竞争而言，想要实现逆袭是非常困难的。弱者很难战胜强者。

总之，在植物与植物之间的竞争中，体形巨大的一方占据着压倒性优势。体形巨大的植物能够独自享受阳光的照射，而体形弱小的植物则只能生活于体形巨大的植物的阴影之中，无法充分地享受阳光的照射。或许所谓的"规模优势"很符合这样的植物。

能够充分沐浴阳光的体形巨大的植物利用其养分逐渐变得枝繁叶茂。而无法充分沐浴阳光的弱小植物无法长大，只能在体形巨大的植物的阴影之中逐渐枯萎。

所以，植物想要在体形大小决定胜负的竞争之中实现逆转是非常困难的。

植物的生长也被称为"相对生长"，是以"二倍、四倍"这样一种乘法式的速度来逐渐长大。因此，哪怕最初的微小差别也会随着成长过程的发展而逐渐变大。

并且对于植物而言，在最初阶段体形就较为硕大的植物能够极为方便地沐浴到阳光。而那些在最开始时稍微落后一点儿的植物在之后的生长过程中可能也就无法受到足够多的阳光的照射了。

在植物界中，想要采取竞争型战略，通过将自身的体形变大来占据有利地位的方法是非常难以实施的。

为此，植物之间并不会展开毫无营养的竞争。

不战而胜的战略就变得尤为重要。

II

杂草的成功法则

我们要探讨的主题是杂草的生存战略，但是行文至此，我们虽耗费了大量的时间，却还没有进入本书的主题。

我想请大家原谅我前文的种种烦琐的赘述。

杂草绝非是毫无目的地生活着。无论如何，杂草都是一种能够运用高度成熟的生存战略的植物。

为此，如果我们想要明白杂草的生存战略，就要首先了解生物的基本生存战略和三大植物生存战略要素。

接下来，让我们共同回顾一下之前的内容。

在生物界中，唯有第一名才能存活下来。因此，生物必须努力获得能够成为第一名的唯一领域——利基（生态位）。

另外，植物的生存战略由C（竞争型战略）、S（耐受型战略）和R（扰乱适应型战略）三大要素组成。其中，擅长运用R生存战略来应对环境变化的植物便是我们通常所说的"杂草"。

在商务界，我们经常会听到"VUCA"一词。

所谓的"VUCA"是由Volatility（易变性）、Uncertainty（不确定性）、Complexity（复杂性）和Ambiguity（模糊性）这四个单词的首字母组合而成。

而杂草所采取的生存战略就是一种"能够应付种种不可预测的变化"的战略。

这样想来，我们也可以将其看作是一种能够应对VUCA的战略。

我认为杂草的成功法则可以用"逆境×变化×多样性"这一公式来表示。那么，于植物的生存战略而言，这三大要素有何种意义呢？

接下来，让我们按顺序一一进行说明。

第 4 章

"杂草"的成功法则
——逆境

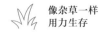
逆境即垫脚石

■ 合理地利用逆境

很多人都会认同"逆境即垫脚石"这样的说法。

当身处一帆风顺的环境之中，无论是谁都会变得精神松懈。但是真正能够促进人们成长的是身处逆境的时候。

或许此时会有很多人在脑海之中浮现出"积极思维"一词。不要把逆境当作是全然不好的事物，而要将其当作是一种良性因素。这种反向思维是非常重要的。

对于我们人类而言，的确如此。但是对于杂草而言，这绝非仅仅停留在精神论的程度。

因为杂草的生存战略是更具有合理性和实用性的。

在第2章中，我们提到弱者能够获胜的条件绝对不是"顺风顺水的环境"。之后我们以足球比赛为切入点，介绍了由小学生组成的弱小球队战胜由专业选手组成的强大队伍的事例。究其原因，是因为在狂风暴雨之中，两个球队在泥泞不堪的足球场上进行比赛之时，即便是专业选手也不能够完全地发挥自身的实力。

但是，这绝不意味着仅仅依靠大雨就能取胜。的确，在恶劣条件下进行比赛的话，就有可能取胜或者打个平手。但是，如果想要真正获得成功的话，只依靠这些因素是远远不够的。

在狂风暴雨这种恶劣环境之中想要获胜，你必须学会运用相应的战略，同时也必须具备在泥泞之中战斗的能力。

如果弱小的球队能够运用那些适应狂风暴雨这种恶劣环境的战略，就一定能够战胜强大的球队。那么又有谁会把这种在狂风暴雨之中屡战屡胜的队伍称为"弱小"呢?

人们总是说:"杂草是柔弱的植物。"但是在我们人类眼里，丝毫看不出杂草的柔弱之处。因为这些正是杂草的生存战略。

■ 机遇藏于何处

无论是谁都会厌恶逆境的存在，而一心想着能够顺顺利利地安稳度日。

但是在安稳的条件下，最终获得胜利的只有那些擅长竞争的人。在顺风顺水的环境中，无疑是强者获胜。如果弱者能够获胜，那么一定是因为他身处某种不安定的环境或者坎坷不平的状况中，而他又恰恰能度过困境。

这样说来，弱者不能恐惧逆境的存在。甚至我们可以说弱者必须欢迎逆境的到来。只有在强者无法发挥自身实力的逆境当中，弱者才拥有胜利的机遇和可能性。

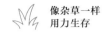
尽管如此，这并不意味着只要比其他人付出足够多的努力或者咬紧牙关奋力拼搏，就一定能够获得成功。在人类世界当中，或许通过自身的毅力总能找到出路，但是，杂草生活的自然界并不是一个单纯依靠毅力就能跨越一切艰难险阻的美好世界。

即便同为逆境，却也是多种多样的。

对于作为弱者的杂草而言，学会"利用逆境"是基本的生存战略，但是这绝不意味着它们可以适应所有的逆境。

在容易被人踩踏的逆境之中，生存着擅于应付"被踩踏"遭遇的杂草；在容易被人割除的逆境之中，生存着擅于应付"被割除"命运的杂草；在容易被人拔掉的逆境之中，生存着擅于应付"拔草"厄运的杂草；在耕种粮食的环境中，生存着擅于应付"耕作"环境的杂草。

这样，所有的杂草都在自己擅长的领域之中顽强地活着。

■ 同时具有柔性与刚性

在杂草面临的种种逆境当中，"被践踏"无疑是出镜率最高的代表性逆境。

面临着踩踏命运的杂草为数不少，但是其中最具有代表性的是车前草。生长于道路边且经常为人所践踏的车前草，其名字俗称作"大叶子"。如名所示，硕大的叶片是其典型特征。

单纯来看，车前草的叶片是异常的柔软。但是如果仅仅只是柔软的话，那么在被人踩踏时，叶片一定会断裂。通过仔细观察，我们会发现在柔软的叶片之上生长着异常结实的筋脉。因此，即使车前草的叶片被人践踏，也决然不会断裂。

如果只是单纯具有柔软特征，车前草的叶片会非常容易断裂。但是如果在这柔性之中增加些许刚性，那么这种柔软的叶片就会变得坚韧。

车前草的茎干外侧异常坚韧且不易断裂，但是其内部则呈海绵状，充满柔韧性。所以我们可以说它同时具备刚性和柔性两大特征。

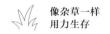
以柔克刚

——《将苑》

■ 灵活地躲避

古语有云，以柔克刚。

虽然这句话经常被解释为"柔性的力量要优于刚性"，但其实是错误的。

实际上其真正含义为"柔性和刚性各自都具有独特的优势，所以必须同时具备这两大特征"。

一个事物只具有刚性特征会因为无法承受外界的强大压力而折损；一个事物只具有柔性特征则会轻易断裂。刚性之中包含着灵活的柔性，柔性之中包含着坚固的刚性。这就是车前草对抗踩踏遭遇的秘密武器。

我们可以将其称为"灵活"。

在面对被踩踏命运的时候，我们必须具备的能力是，能够巧妙地避开外来压力的"灵活性"。

■ 擅长应对踩踏遭遇的专家

我总是把车前草称为"擅长应对踩踏遭遇的专家"。

但是，我之所以将其称为专家，绝不仅仅是因为车前草擅长应对被踩踏的遭遇，而且还因为它能够巧妙地利用这种遭遇。

车前草总是生长于路边或操场等容易被人踩踏的地方，就好像是它们非常中意这样的生存环境一般。

实际上，车前草的种子具有一种类似果冻状的化学物质。当雨水降临的时候，种子会因为浸湿水分而不断膨胀，进而变得黏糊糊的。这种黏的物质依附在人们的鞋子或车辆的轮胎之上，可以被带到任何地方。

人们普遍认为，车前草的种子所含有的这种黏性物质原本是用来保护种子免遭干旱危害的。但是从结果上来看，这种黏性物质却在扩大了车前草的分布范围上发挥了作用。

在没有硬化的道路上，我们随处可以看见车前草沿着车辙的方向生长着。车前草的学名写作"Plantago asiatica L."。该词语是拉丁语，意思为"通过脚底运输"。另外，它在汉语中写作"车前草"。这一名称的由来也是源于它沿着道路随地生长。之所以它们能够沿着道路肆意生长，就是因为人和车辆携带着车前草的种子走向了远方。

对于车前草而言，被踩踏的遭遇并不是必须忍耐或者必

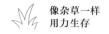

须克服的厄运。因为它们正是依靠被踩踏才成功地扩大了自己的分布范围。如果没有被人踩踏，它们反而会陷入困顿之中。我们甚至可以认为所有的车前草都在期盼着被人践踏。

如此这般，车前草在巧妙地运用这种悲惨的遭遇，以至于如若不被践踏便会陷入困境之中。所以，我们不得不承认这是一个把逆境变成垫脚石的成功案例呀！

■ 不被践踏便不会成功

对于大多数植物而言，"被践踏"绝非一件好事。

如果生活于某个从不为人踩踏且没有任何障碍的环境中，那么植物便能顺利地尽情成长起来。甚至只要不被人踩踏，便可以毫无压力地安然度日吧。

对于大多数植物而言，"被踩踏"是它们不得不忍受的遭遇，也是不得不克服的障碍。

但是，车前草不但没有从"被踩塌"的遭遇中失败，反而巧妙地利用这种逆境并获得了成功。

如果车前草没有被踩踏的话，那么它的命运会如何呢？

如若这样，那么它们便无法将种子传播到各处。不，恶劣的结果不止如此。如果车前草生活于某个从不为人踩踏的环境中，那么其他的种种杂草就会侵入车前草所生活的领域之中。虽然车前草能够发挥特殊的强项来应对"被踩踏"的遭遇，但是它在与其他杂草的竞争之中，处于完全的劣势。在从不为人踩踏的环境之中，车前草可能会被其他的植物死死地压制，以至于走上灭绝的道路。

在经常被踩踏的环境之中，很难出现生存竞争。因为在这种环境中，植物不得不一边应对外界的踩踏，一边努力地谋求生活空间。这样一来，它们根本就没有闲情逸致来展开竞争。

此时，即便那些植物为了谋求阳光的照射而不断地延长茎干，最终也会难逃被踩踏的命运。想要努力变得体形巨大来增强竞争力，却也不得不在被车轮碾压之后无奈地倒下去。在这种环境中，那些擅长竞争的植物或体形巨大的杂草无法生存下去。

究竟是因为不擅长竞争才选择了竞争少且不易发生踩踏的生活环境，还是在适应"被践踏"这一生活环境的过程中逐渐失去了竞争力呢？关于这一问题，我们无法得出定论。或许这两方面的因素都存在吧。

但如今看来，车前草已经适应了"被踩踏"的遭遇，并完成了相应的进化，甚至到了不被踩踏便无法生存的地步。之后，在"被踩踏"的环境中逐渐建立和巩固了自身具有压倒性优势的地位。

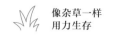
■ 杂草的"生态位分离"

杂草总是给人营造出一种可以生存于任何地方的印象，其实并非如此。

实际上，杂草只会选择那些允许发挥自身强项的生活环境。也就是生态学中所讲的生态位分离[1]。

当然，因为杂草本身不能自由地移动，所以它不能自主地选择生活场所。但实际上，杂草能够繁衍出大批的种子，催生出大量的枝芽。在其中，只有那些能够在允许发挥自身强项的生活环境中生存下去的种子和根芽才能够作为杂草成功地存活下来。

换言之，在允许发挥自身强项的生活环境中生存下去只是一种结果而已。但是，在无法发挥自身强项的生活环境中不能生存下去也是明确的事实。

我们可以选择战略，也可以选择战斗的场所。这样一来，我们就不得不选择那些允许发挥自身强项的场所来展开斗争。

比如，当我们仔细观察那些没有硬化的道路时，就能发现在路边生长着一些善于应付"被踩踏"遭遇的杂草。在这些杂草之中，诸如车前草等一类善于利用"被踩踏"遭遇的

---

[1] 生态位分离，即同域的亲缘物种为了减少对资源的竞争而形成的在选择生态位上的某些差别。生态位分离是保持有生态位重叠现象的两个物种得以共存的原因，如无分离就会发生激烈竞争，以致弱势物种种群被消灭。——译者注

杂草特意选择车辙等容易发生"踩踏事件"的场所而谋求生存空间。

在车辙之间或路肩等容易被踩踏的地方会生存着其他种类的杂草；在人们经常会清理路肩杂草的道路两旁也会生长着其他种类的杂草。

另外，把目光转向道路外面的农田时，我们会发现在人们耕种的田地中同样生长着一些坚韧的杂草。甚至在草木丛生的空地之中，也生存着种种擅于竞争的大型杂草。

即便是在相邻的生存环境中，生长着的杂草种类也各不相同。

杂草绝非是漫无目的地生活于任何场所。

即使同样生活在"道路"这一空间之中，每一株杂草都在允许发挥自身强项的小天地中顽强地生活着。

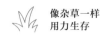
降低生长点

■ 忍耐"被割除"的命运

在经常被人们割除的生活环境之中，杂草会采取什么样的生存战略呢？

在易发生踩踏的环境之中生存的杂草必须具备能够巧妙地躲避外来踩踏压力的"灵活性"。这一灵活性在应对"被割除"的遭遇时同样有效。割草机所割掉的那些草类都是在一定程度上进行"抵抗"的杂草。而那些柔软的杂草即使碰触到割草机的刀刃，也不会硬碰硬地与之较量，而是会倾倒下去来避开割草机的力量。

但是，单纯地依靠"灵活性"无法完全应对"被割除"的厄运。

当遇到高效能的割草机时，柔软灵活的茎叶也无法逃脱"被割除"的命运，甚至这些杂草会被连根拔起。即使人们不使用割草机，而是选择用镰刀来割草的话，也绝对不会做出放过任何一颗柔软杂草的愚钝之举。

能够有效地应对"被割除"厄运的方法是"降低生长的基点"和"迅速的恢复力（再生力）"。

在面对"被割除"这一遭遇时，禾本科的杂草能够发挥绝对的优势。

在植物界中，禾本科植物是进化得最为完美的一类。禾本科植物是在草原地带完成自身进化的。说起禾本科植物，或许大家都会在脑海中浮现出稻米和小麦等谷物，但实际上禾本科植物原本却是构成草原和草丛的主要植物。在草原和草丛之中会生长着一些枝叶细小繁盛的"草类"，这种草就是禾本科植物。在我们所熟知的杂草之中，芒草和狗尾草就属于禾本科。

同植物茂密的森林相比，草原的植被显得十分稀少。为此，生活在草原上的食草性动物为了争夺为数不多的植物而展开了激烈的竞争。在这种过于残酷的环境当中，促使自身完成进化的便是禾本科植物。

生长点[1]非常低是禾本科植物的典型特征。

植物的生长点位于茎的顶端，不断地分裂产生新细胞，促使植物不断向上生长。但是这样一来，如果茎的顶端被其他动物吃掉的话，就会丧失生长点。如此造成的损失非常巨大。

因此禾本科植物便促进自身进化，将成长点降低到更低的位置上。

当然，此时禾本科植物的生长点仍然位于茎的顶端。但

---

[1] 也称"生长锥"或"细胞分裂区"。位于根冠上方1毫米左右，是细胞分裂最旺盛的、具有强烈分裂能力的、典型的顶端分生组织。这些分生区细胞不断分裂、生长、分化，形成其他组织，进而形成根的各种结构。——译者注

是，禾本科植物却不再促进茎干向上成长。因此，茎干的顶端一直处于接近地面的位置。

尽管如此，植物为了能够充分地接受阳光照射而不得不向上生长，所以禾本科植物就选择将生长点降低并保持在接近地面的位置，而只是促使叶片不断地向上延伸。

即便是受到牛马等食草性动物的啃食，被吃掉的部分也仅仅只是叶片而已，而生长点不会受到任何伤害。因为生长点一直处于安全状态，所以即便这些植物遭受着食草性动物一次又一次的啃食，也仍然能够继续长出叶片，从而也就能够存活下去了。

与其他植物相比，这确实是一个奇妙的生存方式。但这种生存方式却也存在着某些问题。

如果植物能够在提高生长点的同时不断生长的话，那么在生长过程中就能够枝繁叶茂并创造出复杂的构造来。但是，如果成长点一直处于较低水平的话，那么植物就无法促进自身向水平方向展开，也就长不出枝丫来。

即便如此，禾本科植物仍然一以贯之地将极为重要的生长点保持在接近根部的水平位置。

禾本科植物在地表附近开枝散叶，并不断地增加生长点的个数。之后，逐步增加不断向上生长的叶片数。这种只让叶片繁茂起来的方法便是禾本科植物独特的生存战略。

■ 禾本科植物的成功

植物因为日日面临着被食草性动物吃掉的风险而进化出的这种独特的生存方式，在应对"被割除"的遭遇时可以发挥出强大的功能。

即便植物一次又一次地被割除，其重要的生长点也不会受到丝毫的伤害。

这种禾本科植物不仅仅只是存在于杂草之中。

比如在高尔夫球场和公园的草坪总是会被修剪得整整齐齐。看到草类被修剪得如此短小，人们或许会不禁觉得它们受到了莫大的伤害，但实际上草坪却安然无恙。它们依然神采奕奕、郁郁葱葱地生长着。甚至我们可以说，草坪越是得到修剪越能变得充满活力。

因为草坪得到了修整，所以光线可以直接照射到地面上。这对于从地面开始不断向上延伸的禾本科植物的叶子而言是非常难得的。另外，当草坪在经历一次次的修剪之后，其他的植物便无法继续存活下去。因此，越是修剪草坪，越是能够让其长得郁郁葱葱、美丽茁壮。

同样的事情也发生在杂草之上。

人们满足于通过割草的方式来将杂草清除得干干净净。但是，这对于擅长应对"被割除"遭遇的禾本科杂草而言，却是非常难得的。人们越想割除杂草，那些擅长应对"被割除"遭遇的禾本科杂草越能够占据有利地位，越能够生长蔓

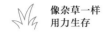
延开来。

由此可见，是我们人类在无形之中增加了此类杂草的数量。

■ 再生力所要求的速度

但是，擅长应对"被割除"遭遇的禾本科杂草如若想要生存下去，必须具备某种能力。

那就是"速度"。

植物必须通过树叶来进行光合作用才能够生存下去。我们在前文中讲到，即使禾本科植物数次遭受割除，其生长点也不会受到损伤，但是这绝不意味着仅靠如此便能够安然地生存下去。

为了应对一次又一次被割除的厄运，禾本科植物必须掌握能够迅速生发出新枝叶的速度。

另外，禾本科植物并不能够在位置较低的地表处熟练自如地解决好一切问题。

比如在开花和传播种子的时候，占据较高位置的植物无疑是更有利的。

禾本科植物是一种通过风来传播花粉的"风媒花"[1]。在地表位置风力很弱，而位于较高位置的植物却可以将花粉传播到很远的地方。另外，较高的位置也有利于植物将种子传播到更远的地方。

因此，禾本科植物在开花的时候就不得不努力地促使茎干向上生长。

那么此时该如何做才好呢？

禾本科植物是先抽穗再开花。但是禾本科植物的穗是在某一时刻突然出现的。

禾本科植物并不会简单粗暴地促进茎干生长。它们不是忍气吞声、默默无闻地来促进茎干的生长，而是步步为营、积蓄力量，待万事俱备之后，一鼓作气地促使茎干迅速长高。

禾本科植物是从位于地表的生长点开始抽穗的。禾本科植物的穗是从由叶片构成的筒状器官——叶鞘[2]中生长发育出来的。待穗做好开花准备之后，便一鼓作气地促进茎干迅速拔高。

---

[1] 即利用风力作为传粉媒介的花，如玉米和杨树的花。此类花一般不美丽，花被不发达甚至退化或不存在，也没有香味和蜜腺。但它产生的花粉数量特别多，而且表面光滑，干燥轻盈，便于被风吹到较高或较远的地方去。花粉粒不组成团块，也不具附着的特性，而且较小，容易被风传送，使距离在数百米以外的雌花能够受精是极其普通的现象。一般认为风媒传粉是比虫媒传粉更具有原始性的传粉方式。据统计，大部分禾本科植物和木本植物中的栎、杨、桦木等都是风媒植物。——译者注

[2] 植物平行脉叶的基部，或托叶二片相结合成管状而包在茎外者，称为"叶鞘"。禾本科植物的叶鞘具有保护茎的居间生长、保护幼芽，以及加强茎的支持作用等功能。——译者注

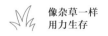

那么，茎干是如何实现迅速生长的呢？

短小的茎干以"节"为单位，不断地进行细胞分裂，增加细胞的数量。但是，如果细胞持续增大茎干就会变得过长，所以必须严格控制细胞变大。禾本科植物一方面在努力增加细胞个数，另一方面在不断压缩着细胞的体积。并且，禾本科植物的茎干就像可以自由伸缩的教鞭一样，处处都存在着"节"。禾本科植物就是在每一个"节"的位置上来压缩细胞的。

待到时机成熟，禾本科植物便促使已经压缩的细胞迅速膨胀起来。这样便可以在短时间内促进茎干的生长和拔高。待到抽穗时期，茎干便会在一夜之间长高数厘米，而穗子也会在同一时间范围内实现从无到有的变化。植物的生长是无法通过肉眼细致观察到的。从这一角度上来考虑，这种生长速度是异常迅速的。

将重要的部分妥善地放置在较低的位置并加以保护，在需要拔高的时候一鼓作气地促使其快速生长。

这样一来，禾本科植物就能趁着两次割草期所间隔的短暂时间来开花和传播种子了。

■ 被踩踏杂草和被割掉杂草的共同之处

至此，我们以车前草为例介绍了擅于应付"被踩踏"遭遇的杂草，以禾本科杂草为例介绍了擅于应付"被割除"境遇的杂草。而这两种杂草之间存在着某些共同点。

那就是通过降低生长点来保留根部的生存战略。

车前草几乎不会向上延伸茎干，而只是将叶片呈放射状匍匐于地面之上。因为这种形状类似于一种玫瑰花结形[1]的胸前装饰物，所以它也被称为"Rosette"（莲座叶丛）[2]。莲座叶丛[3]同样不会努力向上延伸茎干，所以它的生长点也位于地表处。另外，由于其叶片只是生长于地面之上，所以即使被反复践踏也不会受到伤害。除此之外，它会促使单纯用来开花的花轴不断延伸生长，这种花轴极其柔软，在被踩踏的时候能够缓和外来的冲击。

禾本科植物亦是如此。它们将自己的生长点降低至地表处，然后慢慢地催发出叶片来。之后为了开花，便一鼓作气地促使茎干迅速生长。

即使被践踏或被割除，它们仍然会将生长点"安放"于地表处。另外，其根部也能够牢牢地抓住泥土。"被踩踏"的杂草和"被割除"的杂草之间的共同点就是牢牢地守护生

---

[1] 玫瑰花结形饰物，多用缎带制成，为政党或运动队的支持者所佩戴，亦作为获奖的标志。——译者注

[2] 在生物学中，Rosette被译为"莲座叶丛"。——译者注

[3] 又称"基生莲座叶丛"。为密集生于紧贴地面的短茎上各节的一群叶片。全部叶片呈放射状展开，莲座叶丛中的上部叶片较小，叶柄较短；下部叶片较大，叶柄也较长。因其全形似莲座状，因此称为"莲座叶丛"。如车前草科、景田科、菊科、十字花科等植物在生长过程中能形成莲座叶丛。——译者注

长点和根部这两大生存基础，从而躲避外来的种种危险。

它们的基本生存战略是相同的。

或许会有人问，擅于应付"被踩踏"和擅于应付"被割除"是同等关系吗？当然并非如此。

比如，我们不能说车前草擅于应付"被割除"的遭遇。但是，在车前草类的植物中却存在着一种擅于应付"被割除"境遇的植物，那就是"长叶车前草"。只是这种长叶车前草并不擅于应付"被踩踏"的遭遇。在禾本科之中也存在着擅于应付"被踩踏"遭遇却不擅长应付"被割除"遭遇的植物。

虽然它们的基本生存战略是相同的，但是就"被践踏"的杂草而言，它们所谋求的是能够完美地应对"被踩踏"遭遇的强韧构造和生活姿态；而就"被割除"的杂草而言，它们所谋求的是叶片的再生能力和促进茎干成长的速度。

甚至，由于在杂草之间存在着竞争，所以在容易发生踩踏的地方，擅于应付"被踩踏"遭遇的杂草能够具备更强的竞争力，而在人们经常修剪割草的地方，那些擅于应付"被割除"遭遇的杂草具有更大的竞争力。

机会总是留给有准备的人

——路易斯·巴斯德

■ 如果被连根拔起会怎么样

无论是被踩踏还是被割除，只要杂草尚且保留着根部便可以东山再起。

那么，如果被拔除会怎么样呢？杂草该如何做才能应对被连根拔起的厄运呢？

与被踩踏和被割除不同，杂草一旦被拔除，就意味着从头到尾都会被拔掉。如果连根部都被拔除，是不是就无力回天了呢？

那么，该如何做才能从被拔除的遭遇之中寻找到继续生存下去的突破口呢？

被连根拔除的杂草想要继续生存下去却已是无力回天了。如果人们在拔掉杂草之后直接将其扔于地上的话，那么它们就有可能继续生长发育出根部，实现起死回生。但是，如果没有直接将杂草扔掷于地，而是对其进行彻底清除，那么它们只能走上逐渐枯萎的道路。

但是令人惊讶的是，有些杂草在被拔除的时候能够发挥出巨大的能量。

想必很多人都有过这样的经验，在我们以为自己已经将杂草清理得干干净净而自我满足的时候，某天会忽然发现一下子又生长出更多的杂草来。

实际上，这类杂草正是利用"被拔除"这一遭遇来增加自身的数量。

对于人类而言，遗憾的是越频繁地拔草，越会生长出一些善于应付"被拔除"遭遇的杂草。那么这些善于应付"被拔除"遭遇的杂草究竟是如何将"拔草"这一逆境转换为发展自身的垫脚石呢？

善于应付被拔除遭遇的杂草必须具备"不放过任何机会"的能力。

人们常说："幸运之神只有刘海儿。"由于幸运之神的后脑勺没有生长着头发，所以当幸运之神向我们走来的时候，我们必须牢牢地抓住他的"刘海儿"。因为一旦幸运之神转身离去之时，我们无法抓住他的"后脑勺"。

另外，人们也常说："机会总是留给有准备的人"。

机会能够降临到每一个人身上。如果我们已然做好充足准备，那么便能够抓住机会。但是，一旦让机会白白溜走，那么这便不再是"机遇"了。

即将被拔除的杂草已然做好准备，迎接这一时刻的到来，不敢有丝毫懈怠。或者我们可以说，它们在时时刻刻等待着"被拔除"这一机遇的到来。

■ 等待时机到来的"种子库"

杂草能够抓住时机的秘密武器就在于"seed bank"（种子库）。

"seed bank"可以直译"种子的储蓄银行"。

这一秘密隐藏在土壤之中。地面上所出现的杂草只不过是冰山一角。在地面之下储存着数量巨大的杂草种子。

隐藏于地下的杂草种子库的实际情况尚不明确。

以英国的小麦田为对象的调查显示，1平方米的土壤中隐藏着大约75 000颗杂草的种子，数量如此巨大。这些种子默默地隐藏在土壤之中，静静地等待发芽时机的到来。

在商务界，新兴产业、可实现商品化生产的某种诀窍、技术和想法等都可以称为"seeds"（种子）[1]。这些"种子"就相当于杂草的种子。杂草会储备大量的种子。

当然，并非土壤中的所有种子都能破土而出、生根发芽。甚至我们可以说其中的大部分最终都会不见天日。尽管如此，杂草仍然提前储存好了大量的种子。这就是杂草为了应对"除草"这一戏剧性的逆境所做的准备。

---

[1] 原义是"种子"，引申为"雏形"，再引申为公司新研发或提供的技术及材料等尚未能实现商品化和实用化，处于"种子"状态，无法直接提供给客户。于是这些需要专门的服务来将其转化为成果以满足客户的需要。在新产品的开发阶段，客户需求与商品"种子"之间的平衡尤为重要。——译者注

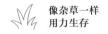

■ 机会总是戏剧性地到来

空气、水和温度满足植物种子发芽的三大必然要素。

但即使满足上述三大条件，在大多数情况下，杂草的种子也仍然无法孕育出生命。

对于杂草而言，出芽的时机是十分重要的。其如果错误预判出芽时机，那么很快就会走向死亡。所以杂草都在认认真真、老老实实地等待适合发芽的时刻。

因此，即便同时具备植物发芽所必要的空气、水和温度这三大要素，杂草也不会发芽。

我们把这种即使满足了发芽所必须具备的条件也仍然不发芽的状态称为休眠。

在商务界，休眠一词经常会被用来形容"不能灵活有效运作的恶劣状态"，比如，人们总是会说"处于休眠状态的工厂"或"休眠公司"等，但是杂草种子的"休眠"却与此不同。

正所谓"万事俱备，只欠东风"。杂草种子的休眠指的是种子做好了万全准备，静静地等待着机遇的到来这样一种状态。

因此，一旦机遇降临，土壤中的种子便会不约而同地发芽。

那么，这种机遇究竟是什么呢？

虽然杂草种子能否发芽与很多要素相关，但是最大的

"机遇"之一就是光线的照射。

对于那些处在阴暗的土壤中默默等待时机到来的杂草种子而言，光线的照射究竟意味着什么呢?

当人们在除草时，如果将杂草连根拔起，那么土壤就会被翻过来，光线也就可以照射进去了。换句话说，如果光线能够透过土照射进地里来，便意味着人们把原本作为竞争对手的植物拔除了。

即便杂草的种子能够侥幸生根发芽，但如果其周围已经被其他的杂草所覆盖了，那么它仍然无法接收光线的照射来进行光合作用。所以，植物进行光合作用所不可或缺的光线能够充分地照射到地面，就意味着地表已然成为一个没有任何竞争对手的全新乐园。

此时，静静地等待时机来临的杂草种子便会不约而同地生根发芽。

抓住机会的必要因素是时机和速度。

能否征服焕然一新的大地取决于生长的速度。因此，隐藏在土壤之中的杂草种子便会以一种舍我其谁的劲头儿争先恐后地生根发芽。

我们原本以为已经将杂草拔除干净，殊不知很快又会变得杂草丛生。其根源就在这里。所以拔草这种行为本身就为下一波杂草的生长提供了机会。

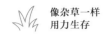
■ "资源的投入"即为战略

于杂草的战略而言，重要的是要确定将资源投向何处。

比如，无论杂草是被践踏还是被割除，只要尚且保留着根部，便可以春风吹又生。因此，杂草会在其根部储存足够多的营养成分。

这种"储存战略"与前文中所讲到的"CSR战略"中的"耐受型战略"是共通的。我们也可以将"被踩踏"和"被割掉"看作是植物所必须要承受的压力。

接下来我们复习一下前面的知识。

"CSR战略"是由"竞争型战略""耐受型战略"和"扰乱适应型战略"三大要素组成。

一般而言，大多数的杂草会采取竞争型战略。但是，也有很多杂草会将"竞争型战略"和此处所介绍的"耐受型战略"两者结合起来，在允许发挥自身实力的环境中努力地生存着。

竞争型战略的投资方向是生长。哪怕只是体型变得稍微大一点儿，其便能占据更加有利的地位。哪怕只是长得稍微高一点儿，其便能具有更强大的竞争力。所以杂草会尽可能地将"资源"投向生长。

在扰乱适应型战略中所必须具备的要素是速度和向下一代的投资。

连根拔起式的除草方式对于植物而言是一种巨大的环境

扰乱。因此，在人们经常除草的场所之中所生存的杂草为了能够存活下去，就必须掌握"速度"和"向下一代的投资"这两大要素。

一旦地表的草被拔掉，隐藏在地面之下的下一代杂草便会破土而出。

或许会有人认为，既然这样那就再进行一次除草就好了。但是我们要明白，沉睡在土壤之中的大型种子库里面的种子会源源不断地破土而出，令我们措手不及。

种子库中的种子在机会到来之前会在土壤中默默地等待。一旦破土而出，其后就必须要实现快速的生长。毕竟，在没有竞争对手的大地上成长所必须具备的能力并不是竞争力。比起竞争力，更重要的是要迅速地变得茂盛。

甚至它们不知道那些心血来潮的人类会在何时再次除草。所以，它们不得不赶在下一次除草之前迅速地成长起来并留存下种子。因此，在人们经常除草的场所之中所生存的杂草成长得更快，发芽和结种的时间会更短。因为它们没有必要变得体形巨大。于它们而言，重要的是如何才能保留住下一代种子。

令人厌烦的是，酢浆草和弯曲碎米荠[1]等杂草会在除草

---

[1] 学名为 *Cardamine flexuosa*，是十字花科碎米荠属植物。弯曲碎米荠主要分布于日本、俄罗斯、欧洲、北美、朝鲜，以及中国，生长于海拔200米至3 600米的地区，常生长在路旁、田边，以及草地。主要特征是植株矮小，分枝极多，细弱，自基部呈铺散状。一年生或二年生草本。为常见之夏收作物田杂草，目前尚未由人工引种栽培。——译者注

时因受到外来刺激而噼里啪啦地将种子向四处弹飞。这些种子具有某些黏性物质，会依附在除草人的衣服和鞋子之上，伴随着人们的移动而被带到各处。小心翼翼的它们就是依靠这种办法来不断扩大自己的分布范围。

如此，在与下一次割草所间隔的短时间内，杂草便将种子播撒在地面上。之后便逐渐构建出了种子库。

种子库一经形成，便会长期存在。

变化衍生出种种复杂性。

当然，并非土壤中所有的植物在除草之后都能够接收到光线的照射。有很多种子根本无法受到阳光照射，甚至会有很多种子会伴随着除草引发的土壤松动而落到土壤的更深处。

在数量巨大的种子中，只有那些抓住时机的种子才能够生根发芽。但是，更多的种子却只能依旧持续着休眠的状态，默默地等待下一次机会的来临。

因此，土壤中的种子越是经历种种除草遭遇，其在土壤中的位置就越是错综复杂。也因此，人们越是热衷于频繁的除草，杂草越容易形成新的种子并将之储藏在种子库之中。

对于我们人类而言，令人遗憾的是越是频繁的除草越能增加生长的杂草数量。

第 5 章

"杂草"的成功法则
——变化1
为了变化而必须要做的事情

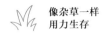
接受不能改变的，改变能够改变的

■ 应对变化的两大举措

在面对"变化"时，我们该如何应对呢？

应对变化的方法有如下两种正相反的思路：一种不为变化所困扰，专心致志地将精力专注于一件事物，矢志不渝地一直做下去；另外一种是避免持续做同一件事情。

那么杂草会选择哪一种方式来应对变化？

植物是不能随意移动的。

动物却是可以随意走动的。因此，动物为了谋求食物和舒适的居住场所而不停地移动或迁徙。但是由于植物不能任意地移动，所以一旦植物的种子降落在某处，就意味着这株植物在未来的日子中只能始终生长于此处，终其一生。

人们常说："接受不能改变的，改变能够改变的"。

这就是植物的基本生活方式。

那么何为无法改变的事物呢？那就是植物自身所生活的环境。在这种生活环境下，植物不具备改变自身的能力。当然，生存在该植物周围的其他植物也同样不具备这样的能力。对于不能改变的事物，只能坦然地接受。

那么对于植物而言，难道就不存在它能够做的事情吗？当然是存在的。

"改变能够改变的事物"也是植物基本的生活方式。

那么何谓"能够改变的事物"呢？那就是植物本身。植物可以自由地改变自身的体态和生长方式。因此，植物总是在不断地改变着自己。

我们把生物这种能够改变的能力称为"可塑性"。

与动物相比，无法实现自由移动的植物具有更大的可塑性。

比如就身体大小而言，在我们人类世界中，只要同为成年人，就不会出现身高相差数倍的情况；但是在植物界中，即便是同一种类的植物，它们之间出现高度相差数倍的情况也稀松平常。

■ 杂草拥有巨大的可改变能力

普遍认为，在植物之中，杂草尤其具有较大的可塑性。换句话说，杂草具有较大的可改变能力。

植物的可改变能力主要分为以下两种：一种是根据环境的变化来改变自身的"表现型可塑性"；另外一种是将与自身不同的特征遗留给下一代的"遗传型多样性"。

接下来，我们就根据环境变化来改变自身的表现型可塑性进行论述。我在学生时代研究的是一种叫作"苘麻"[1]
的杂草。单从植物图鉴上来看，苘麻的高度大概为1米。但
在实际生活中，有的苘麻却可以在长到5厘米高的时候就会
开花。就在我为这一发现感到惊讶不已的时候，却又发现在
用于动物饲料的玉米田中所生长的苘麻会同体形高大的玉米
展开竞争，并且长得异常高大，甚至超过了4米。的确，因
为其可塑性很强，所以它可以自由自在地改变自身的体形
大小。

不光是自由自在地改变自身的体形大小，甚至可以自由
自在地改变伸展方式。

根据种类的不同，有些杂草可以横向延伸茎干，扩大自
己的生活范围，这被叫作"阵地扩大型战略"；而有的杂草
则纵向伸展茎干，不断提升自己竞争力来扩大自己的生存空
间，这被叫作"阵地强化型战略"。在商务界中也同样存在
着两大战略：一种是打入新的经营阵地；另外一种是强化现
有的经营阵地。

那么究竟哪一种战略更有力呢？

这其实是一个愚蠢的问题。究竟采用哪一种战略更为有
利？这是根据情况的变化而不断变化的。

---

[1] 学名为 *Abutilon theophrasti Medicus*，是锦葵科一年生亚灌木草本，茎枝被柔
毛。叶圆心形，边缘具有细圆锯齿，两面均密被星状柔毛；叶柄被星状细柔
毛；托叶早落。花单生于叶腋，花梗被柔毛；花萼杯状，裂片卵形；花为黄
色，花瓣为倒卵形。蒴果半球形，种子肾形，褐色，被星状柔毛。花期7-8
月。分布于越南、印度、日本，以及欧洲等地区。中国除青藏高原不产外，其
他各地区均产，东北各地有栽培。常见于路旁、荒地和田野间。——译者注

普遍认为，杂草采取的战略是非常复杂的。因为杂草的战略其实是一种区别使用型战略。换言之，杂草会根据状况的不同而随时变化生存战略。

　　在没有竞争对手生存的空地等环境之中生活的杂草会采用阵地扩大型战略，不断横向延伸着自己的茎干来扩大自身的生存范围。而一旦出现其他植物与自己展开竞争，那么它们便会就势一转，采取阵地强化型战略，不断向上生长，以期能够充分发挥自身的竞争力。

　　杂草能够自由自在地改变自身的体形大小，也可以自由自在地改变伸展方式。换句话说，它们可以自如地应对环境的变化。

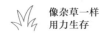
拒绝按照其他人规定的路线走下去

■ 这究竟是谁制定的规则

杂草绝不是按照图鉴记录的那样生活下去的。

虽然书上写着春天是花朵盛开的季节，但是却有很多植物是在秋天开花的。虽然书上写着某种草的长度大约为30厘米，但在现实生活中它们却能长得像人一般高，或者它们根本不会向上生长，只是匍匐在地面并向四周延伸。我们对此简直毫无头绪。

另外，杂草一般被分为"一年生杂草"和"多年生杂草"。

一年生杂草从种子萌发到产生新的种子的全部生活周期在1年内完成，开花结实后即枯死。一年生杂草又可分为"夏季一年生杂草"和"冬季一年生杂草（跨年生杂草）"。其中夏季一年生杂草指的是在春天发芽、秋天留下种子的杂草。而冬季一年生杂草（跨年生杂草）则指的是在秋天发芽、在春夏相交之际留下种子的杂草。与此不同，可以生存数年以上的杂草被称为"多年生杂草"。

于植物而言，一年生杂草和多年生杂草是一种极为基础的分类方法。

但是却有一部分杂草能够超越这种分类方法，出现某种出乎意料的变化。

比如，小蓬草[1]是一种极为常见的菊科类杂草。在路边、空地以及农田等各种生活环境之中都能发现它们的身影。小蓬草是一种在秋天发芽的越年生杂草。它们在冬天开枝散叶，储存营养成分。在春夏之交的季节，努力延伸茎干、绽放花朵。

但是在受到较大干扰的生活环境中，它们没有充足的时间来慢悠悠地开花生长。所以它们会在春夏之交时萌发根芽，利用数周的时间成长起来并绽放花朵。换句话说，它们已经变成夏季一年生杂草。另外，小蓬草是原产于北美洲的一种杂草，但是它们却能够在没有冬天的热带地区生存下去。这是因为它们在这种环境中没有越冬的必要，俨然成为一种多年生杂草了。

如此，杂草有针对性地应对着环境的变化，甚至可以为此改变自己的生活方式。

■ 归根结底是人类制定了规则

所谓"分类"，不过是人们为了理解植物而自作主张地

---

[1] 菊科，属一年生草本植物。根纺锤状，茎直立，高可达100厘米或更高，圆柱状，叶密集。原产北美洲，中国南北各地区均有分布。常生长于旷野、荒地、田边和路旁，是一种常见的杂草。已列入中国第三批外来入侵物种名单。——译者注

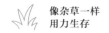
制定的一种规则而已。植物图鉴亦是如此。如果站在杂草的立场上来看，它们全然没有义务去按照图鉴上所描绘的那样生存下去。

图鉴上的说明只不过是我们人类任意做出的"规定"而已，甚至可以说是一种我们的固有观念。

在对行业进行划分时，我们也是如此任意地进行区别和分类。我们在分类的时候总是会贴上诸如"不具备……的特征""应当是……"等种种标签，并自以为是地认为自己已经对其进行了充分的理解和把握。然后我们就一厢情愿地依靠自己来划定范围，自作主张地描绘它们在人类脑海中的样子。

但其实我们没有必要着眼于此。我们应该进行更为自由的联想。

当我们看到那些没有按照图鉴所示而生活下去的杂草时，想必会不由自主地产生"拒绝按照其他人所规定的路线走下去"这样的想法吧。

■ 不会向上生长的杂草

或许会有很多人对杂草报以这样的印象——杂草即使被踩踏无数次，仍然会努力向上苗壮成长。

但遗憾的是，这是一种错误的理解。或许杂草在被踩踏一两次之后仍然能够向上茁壮成长，但是如果被践踏数次，那么，它们便不再向上生长了。

一旦被践踏便不再向上生长，这可以称得上是真正的杂草之魂。

提起杂草之魂，或许会有人觉得其应当是即使被踩踏无数次，也会向上茁壮成长的不屈之魂。也许会有人觉得自己明明像杂草那般咬紧牙关向前冲，直到最后却没有得到命运的眷顾，为此而沮丧至极。

但事实上真的是这样吗？

我可以断言："不再向上生长的杂草之魂才是杂草的高明之处。"

我希望大家冷静下来认真地思考一下。

从根本上来讲，杂草为什么非要向上不断生长呢？

对于杂草而言，最为重要的事情是什么呢？

那应当是开花结果，留下种子。这样一来，杂草在被数次践踏之后仍然向上生长，无异于做徒劳无功的事情。

比起浪费精力在这些无用的事情之上，还不如认真地考虑如何在被践踏的环境之中开花结果。对于植物而言，考虑如何在被人们反复践踏的环境中保留种子才是最合理的想法。

所以，杂草不会去做努力向上生长这种徒劳无功的事情。

我们如果仔细观察那些被踩踏的杂草就会发现，它们为了将损害降到最小，在被踩踏之后会匍匐在地面上并不断地向四面八方延展开来、生存下去。之后，杂草即使仍然被反复践踏，也还是会用最大限度的能量来开花结果并确确实实地保留下种子。

我们所持有的"杂草在被践踏之后仍然拼命向上生长"的这种想法不过是我们的一厢情愿而已。说到底，那种不管不顾、无头无脑地向上生长的做法难道不就是为了所谓的自尊心和面子吗？

比起那种主张无论被践踏多少次也要胡乱鲁莽、横冲直撞地向上生长的"根性论（忍耐痛苦而成的精神力）"而言，杂草的生存战略似乎要合理得多。杂草一直都是如此倔强勇敢地生活着。

万变不离其宗

■ 何为"理想型杂草"

杂草拥有巨大的可改变能力。

那么为了实现这种改变，必须要做到的重要事情是什么呢？

美国杂草学研究专家H. G. 贝克（H. G. Baker）在其论文《杂草的进化》中列举出12个项目作为"理想型杂草"的必备要素。

或许我们在听到"理想型杂草"的这一说法时会觉得不可思议，但是站在杂草的立场上而言的话，可以将其理解为"作为理想型杂草想要获得成功所必须具备的条件"。

其中作为条件之一的便是——即便身处恶劣环境之中，也要努力孕育出大量的种子。

或许这是任何人都能够想象到的杂草所必须具备的可变化能力。

无论身处如何恶劣的环境中，都必须开花结果。或许有人在看到那些生长在路边柏油缝隙之间的杂草所默默绽放的花朵之后会不由得感伤万千。我们不得不承认的这种能力其实是杂草的看家本领。

但是杂草的高明之处绝非仅仅如此。

在H.G.贝克列举出的"理想型杂草"所具备的条件中，还提出如下要素——在优越环境中能够结出数量更多的种子。

换句话说，在恶劣的环境中就顺应恶劣的条件，在优越的环境中就顺应优越的条件。根据环境的不同，保留不同数量的种子。

或许会有很多人认为这是理所当然的事情，其实并非如此。

■ 不要对重要的事情视而不见

比如，我们栽培的蔬菜和生长在花坛里的花朵在缺少养分的情况会生活得异常艰难，最终不会开出花朵，会逐渐枯萎。即使绽放出花朵，最终也结不出种子。

相反，如果施以它们过多的肥料会怎么样呢？大多数情况下，只有其茎干和枝叶会长得异常茂盛，而作为重要生殖器官的花朵不会开放，最终也只能结出数量极少的果实。它们似乎已经忘记对于植物而言最重要的事情是保留下种子。

但是杂草却不同。即便身处在恶劣的生存环境中，它们也会发挥出最大的能力来结出种子。在条件优越的环境中，它们同样也会发挥出最大的能力来结出种子。无论身处艰难困苦的恶劣环境还是得天独厚的优越环境，杂草都会为了保留下种子而竭尽全力。

在这里我要请大家回忆一下刚刚讲过的内容。

那些被人踩踏过的杂草便不会再向上努力生长了。

对于杂草而言,重要的事情是什么呢?

无论身处何种生活环境中,杂草从来没有改变过对这一使命的信仰。对重要责任的信念也从未发生过动摇,甚至生活环境越是困难,杂草越会毫不动摇地坚守这一信念。

重要的任务无疑是确定的,作为目标的终点也是确定的。只要确定了要实现的目标,那么无论选择哪条通往终点的途径都是无所谓的。

所以杂草才具备了可以改变的能力。

被人踩踏也好,不再努力向上生长也罢,正是因为对重要责任的信念从未发生过动摇,所以杂草才能够自由自在地进行着种种变化。

■ 何为不可改变的事物

什么是不能改变的重要事物呢?

对于企业而言可能是核心竞争力,还可能是核心技术。

但是在漫长的时间中,那些核心竞争力和核心技术或许会逐渐变得不再具有核心竞争优势了。那么不能改变的事物究竟是什么呢?

对于杂草而言不能改变的事物便是"保留下种子"这一

任务。

不能改变的事物或许就是根本性的事物。

或许这一事物类似于某种"任务"。你的企业和你的工作是为了什么而存在呢？为了这个社会要去做些什么呢？

这些或许已经写入公司的经营理念之中，也或许已经写在公司的规章制度之中。

只要我们的目标任务不发生改变，那么通往终点的道路就会自然而然地确定下来。为了完成这一任务，我们会进行具体的展望。为了实现这一展望，我们会制定详细的战略。

当然随着时代和环境的变化，展望会发生变化，战略也许会不停地改变。但是只要我们坚持的目标始终不变，那么我们的信念就不会出现任何动摇。只要我们坚守的不可改变的目标依然清晰地屹立在那里，我们只需要因时制宜、因地制宜地改变企业的规划方案即可。

图 5-1　看麦娘

第 6 章

"杂草"的成功法则
——变化2
"变化"即"机遇"

随机应变

当我在思考杂草的生存战略之时，脑海中会不由得浮现出随机应变一词。

所谓"随机"指的是"那个时候、那种场合"；"应变"则指的是"顺应变化"的意思。

随机应变一词原本是佛教用语。

在佛教教义中有"诸行无常"[1]的说法。换言之，所有的事物都处在不停的变化之中。

为了应对这种变化，我们自身也需要做出种种改变，这就是"随机应变"。

杂草顺应着环境的变化，自身也在自由自在地进行着改变。这也是一种"随机应变"。杂草这种能够改变自身的能力便正是一种随机应变的能力。

■ 环境扰乱所带来的影响

如字面所示，所谓"扰乱"指的是被搅乱破坏。

在前面介绍"CSR战略"时，我们曾经提到杂草尤其擅

---

[1] "诸行无常"为佛教的三法印之一。"诸行无常"是说一切世间法无时不在生住异灭中，过去有的，现在起了变异；现在有的，将来终归幻灭。——译者注

长运用"扰乱适应型战略"。

那么对于生物而言,"环境扰乱"究竟会带来何种影响呢?

在这里有一个著名的解析。

1978年美国的生态学家J. H. 康奈尔(J. H. Connell)提出了一个叫"中度干扰假说"[1]的法则。这一典型规则原本是在对海洋生物进行研究的过程中推导出来的,但是现在却被普遍认为适用于各种各样的生物环境之中(如图6-1所示)。

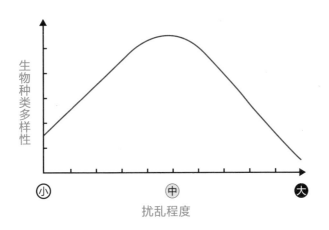

图 6-1 适度的变化带来机遇

[1] intermediate disturbance hypothesis,认为一个生态系统受到中等程度的干扰时,其物种多样性最高。这是由于过度的干扰,不利于处于演替后期的要求较稳定生境的物种生存,最终会导致不能迅速恢复的物种种群消失;而干扰程度很低,由于竞争排除法则,允许种间竞争付出代价,不利于处于演替前期的物种生存。只有中等程度的干扰水平能维持高多样性与种群的生存。该假说是由美国学者J. H. 康奈尔于1978年提出的,故又称"康奈尔中度干扰假说"。——译者注

图形的横轴表示环境扰乱的程度。换句话说，越向右移动表示环境的扰乱程度越为剧烈，发生的变化越为急剧。

另一方面，纵轴指的是在该环境中生存的生物种类。

请大家将目光转向图形的右侧。

环境的扰乱程度越大，换言之，坐标越向右移动，能够生存下去的生物种类越少。当环境扰乱程度过大时，能够适应这种变化的生物就极为有限了。

现在让我们把目光转向图形的左侧。

令人感到意味深长的是即便环境的扰乱程度变得非常小，在该环境中可以繁衍生息的生物种类也会变得越来越少。

我们可以很容易理解为什么环境的扰乱程度越大，生物的种类就越少。这是因为环境的扰乱程度一旦变大，生物想要生存下去就变得异常困难起来。想必在没有环境扰乱的生存条件下，生物定能安然惬意地生存下来。尽管如此，那为什么在扰乱程度较小的环境中繁衍生息的生物种类依然会减少呢？

■ "变化"即"机遇"

在生物界中存在着这样一条明确的铁的法则——在竞争中胜出的强者会生存下去，在竞争中败北的弱者会逐渐走向灭亡。在不会发生任何扰乱的安定环境之中会产生激烈的竞争。之后，强者生存下来，弱者走向灭亡。因此，从结果上来看，能够繁衍生存下去的生物种类也就极为有限了。

当然，这也并非毫无可取之处。这本来就是自然的真实面目。

但是在容易出现环境扰乱的条件下，未必只有强者才能够胜出。

唯有在安定的环境中，拥有强大竞争力的生物才占据着霸主的地位。但是在出现扰乱的不安定环境中，生物根本就没有闲情逸致去展开种种竞争。对于在充满扰乱因素的环境中生存的生物而言，它们所必须具备的并不是强大的竞争力，而是适应不断变化的环境的能力。

这种条件对于拥有强大竞争力的强者而言简直不可理喻。但是对于不具有竞争力的弱者而言，这却是其日夜企盼的机会。毕竟，只要它们能够成功地应对变化，就意味着它们已经战胜了那些原本在安定环境中无法战胜的强者。

因此，各种各样的植物并不是依靠竞争力来获胜，而是依靠应对环境扰乱的适应力来取得成功。那些原本在竞争社会中无法生存下去的众多弱小生物，在这样的环境中便能够使用各种各样的生存战略，并顺利地繁衍生息下去。

比起安定的环境，充满种种扰乱因素的不安定环境能够给予生物更多的机会。

而杂草就能够充分且有声有色地利用这种"扰乱机遇"。

在前文中我们已经介绍过杂草尤其擅长运用"扰乱适应

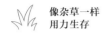

型战略"。"扰乱适应型战略"也可以被称作是"扰乱依存型战略"。

　　或许会有人觉得，怎么可能会有植物要依存于环境变化所带来的种种扰乱呢？但事实的确如此。对于那些不擅长竞争的杂草而言，扰乱正是一种机遇。

　　如果没有扰乱的话，那么杂草的成功也就无从谈起了。

■　复杂的环境中隐藏着机遇

　　在生物界中，既有"在竞争中获胜"的生存战略，也存在"适应环境扰乱"的生存战略。

　　那么为什么依靠"适应环境扰乱"的生存战略便可以增加生物的种类呢？

　　那是因为在竞争中获胜的方法是唯一的。但是种种扰乱因素却可以使得生存环境变得复杂起来，创造出各种各样的环境。这种纷乱繁杂环境一旦形成，那么适应这种环境的生存战略也就变得多种多样起来。

　　假如奥林匹克的比赛项目只设置了100米快跑会怎么样呢？那么跑步速度较快的选手一定具有压倒性的优势，因为这种比赛所要求的只是选手们具有快速奔跑的能力（竞争力）即可。

　　但是如果此时出现扰乱因素会如何呢？换句话说，条件发生了改变。

比如，原本设定的100米赛跑项目突然变成1万米赛跑，那么就有可能出现其他的胜利者吧。

比赛项目仍然不断地发生着变化。如果不只是设置了100米赛跑，同时还逐渐增加了跳高、跳远、扔铅球和扔标枪等其他多种项目的话，那么拥有种种不同能力的人们将会在比赛中获得胜利。甚至还会存在"吃面包比赛""借物竞走比赛"以及"解题速度比赛（一种不解开计算问题就无法到达终点的比赛）"等种种比赛项目。

环境扰乱要素会创造出各种各样的环境和各式各样的条件。

比赛项目不断变化，对于那些在100米竞赛的环境中无法获胜的选手们而言，提供了获胜机会，并且这种机会绝非只有一次。随着比赛项目的不断增加，他们可以选择那些允许顺利发挥自身实力的领域。

这就是一种扰乱。

讨厌环境扰乱的只有那些擅长竞争的强者而已。在竞争中获胜的只有第一名一个人而已。第二名及以下的所有选手都是弱者。

对于弱者而言，环境扰乱是一种机遇。所以它们没有理由对这种变化产生恐惧心理。

■ "被踩踏"是一种可预测的遭遇

实际上,对于杂草而言,环境变化可以分为两种。

一种是"可预测性变化",一种是"不可预测性变化"。

在杂草的生涯之中"踩踏""割草""拔草"等种种逆境接踵而至。但是杂草却能够巧妙地将这些逆境转化为积极因素。

另外,杂草可以根据环境的变化来改变自身的形态和性质。我们把这种能力叫作"表现型可塑性"。杂草通过这种能力可以巧妙地应对环境的变化。

但是,"踩踏""割草""拔草"等种种遭遇虽然是一种戏剧性变化,却也是可预测到的变化。

善于应对"被踩踏"遭遇的杂草会生活在人们常常踩踏的环境之中。的确,它们也不知道何时就会被人踩踏一番,也不知道会受到何种强度的踩踏。但是可以预测的是,在整个生长过程中,总会迎来被人踩踏的命运。因此,它们就已经做好了应对踩踏遭遇的准备。

面对割草和除草时亦是如此。虽然它们无法预测何时会被割掉或拔除,但是它们明白一定会面临这样的遭遇。

因此,它们可以根据所预测的环境来选择运用不同的生存战略,做好准备来迎接逆境的到来。

当然,也会发生种种完全不可预测的变化。

那么,杂草在面对这些完全不可预测的变化时该采用何种生存战略呢？

在这一问题上，杂草必须要做到的是"实现多样性"。

最近总是会听到多样性和差异性等一类的词语。

那么对于杂草的生存战略而言，多样性究竟具有何种意义呢？关于"多样性"，我将在第8章中进行详细的论述。

图6-2　苍耳

第 7 章

"杂草"的成功法则
——变化 3
顺应时代的变化

变则通

——《周易·系辞》

■ 植物的进化过程

对于植物来讲，最基本的生存要素是定位战略。

不擅长竞争的柔弱杂草所采取的基本定位战略是避开竞争，顺应不断变化的环境。适应耕作环境的杂草选择生活在经常被耕作的田地之中；擅长应对"被踩踏"遭遇的杂草选择生长在人们经常踩踏的环境之中；而那些比较擅长竞争的杂草则选择生活在环境扰乱因素较少的地方。如此，这些杂草们都在自己所擅长的领域之内顽强地生活着。

这种定位战略的重要性绝不仅仅体现在生活场所的选择之上。

对于植物而言，还存在一个非常重要的定位战略。那就是"（生态）演替"（Succession）。所谓"演替"，指的是由时间的流逝所引起的植物进化。如果站在我们人类角度来看，可以将其看作是"时代的更替"。

一般说来，植物的演替是按照如下顺序来进行的。

比如，火山的喷发会造就一整块儿不存在任何生物的全新土地。在这块儿全新土地上根本没有像样的土壤，有的只

图 7-1　植物的生态演替

是那些坚硬的岩石。在这样一种荒地上最先生长出来的是那些无需任何营养成分便能茁壮生长的苔藓类和地衣类植物。

不久，在苔藓类和地衣类植物的生存运作之下，有机物开始慢慢储存下来，逐渐产生了土壤。之后能够孕育植物的基础也就逐渐形成。

在这一环境中最先生长出来的是以"一年生杂草"为中心的草类。随着这些体形较小的草类开始生长之后，会有更多的有机物能够储存下来，土壤也就逐渐变得丰饶起来。之后，体形较大的"多年生杂草"开始出现，草木也逐渐变得茂盛起来。很快就形成了灌木丛。

之后，竞相努力生长的植株体形越来越大，灌木丛也长成了树林。这些树林又慢慢地演变成深邃的森林。

这就是植物的演替。

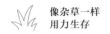

■ 市场的演变

这种演化和商品市场及服务市场的"产业生命周期"[1]非常相似（如图7-2所示）。

最初的市场像是一块不毛之地。市场的规模较小，并且风险极大。这一阶段就是所谓的"初创期（幼稚期）"。

不久，市场规模逐渐扩大，进入了"成长期"。

之后，虽然市场仍然保持着快速发展，但其生长速度很快就变得迟钝。这被称作"高原现象（瓶颈期）"[2]。

但是，市场一旦度过"瓶颈期"，其规模便会再次持续扩大。这就进入了"成熟期"。之后，市场逐渐趋向饱和。

植物的演替与此完全相同。

在毫无一物的"初创期"闯入"市场"的是那些体形较小的苔藓类植物。

不久，随着市场不断扩大，草类也逐渐生长起来。之后"市场"再次扩大，就会出现种种竞争。在这种环境中，具有强大竞争力的体形巨大的植物开始登上历史的舞台。

---

[1] 英文名为"industry life cycle"，其模型是由戈特和克莱珀在1966年弗农提出的"产品生命周期理论"的基础上提出并建立的。产业生命周期是每个产业都要经历的一个由成长到衰退的演变过程，是指从产业出现到完全退出社会经济活动所经历的时间。一般分为初创阶段、成长阶段、成熟阶段和衰退阶段四个阶段。——译者注

[2] "高原现象"是教育心理学中的一个概念，指在学习或技能的形成过程中，出现的暂时停顿或者下降的现象。在成长曲线上表现为保持一定水平而不上升，或者有所下降。在突破"高原现象"之后，又可以看到曲线继续上升。这种"高原现象"也被称为"瓶颈期"或"平台期"。——译者注

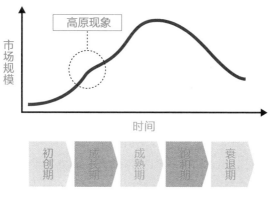

图 7-2　产业生命周期

　　市场从"成长期"到"成熟期"经历了一个质的飞跃。从植物的角度来看，从草类向树木的演化也是这样一个相同的质的转变。

　　对于植物而言，从草类向树木类的转变过程是一个巨大的转换时期。

　　草类植物采取的是注重速度的生存战略。它们要做的是快速地生长并迅速地结出种子，并且尽可能多地将种子撒向地面。

　　换句话说，草类是以"速度和数量"来取胜的植物。

　　树木类却与此不同。树木会生长出年轮，一边脚踏实地地生长出结实有力的树干，一边在慢慢地长大。换句话说，树木是以"竞争力和质量"来取胜的植物。

　　草类时代终结之后，从灌木丛中逐渐生长出树木。于是便开始了从"速度时代"向"竞争力时代"、从"量的时代"向"质的时代"的转变。

虽说如此，但在最开始的阶段，树木所面对的竞争对手是草类，所以其竞争会相对较为平和。此时形成的是明朗的树林。但是，不久之后竞争日益激化，强大的植物生存下来，而弱小的植物最终惨遭淘汰。这样，体形巨大的树木开始逐渐变得郁郁葱葱，最终形成了深邃的森林。成熟市场的形成和植物的演化是相同的。具有竞争力的企业积极打入市场，展开残酷的竞争。之后，市场逐渐趋向饱和。

植物界亦是如此。最后是那些最具有竞争力的体形巨大的树木占据了整个植物"市场"。我们把这一最终阶段称为"极相"[1]。

在产业生命周期中，确定从哪一时刻开始着手经营产业是非常重要的。不同种类的植物也寻找着最应当发芽的时机。

对于植物而言，"利基"存在于时间的流逝之中。

在商务界，"初创期"的风险较大、客户较少，所以利润较低。在"生长期"，虽然整个市场的利润不高，但是只要在此时打入市场便可以获得利润。因此，在该阶段存在着很多开展商业经营的机会。但是，此时的这种机会对于任何人而言都是平等的，所以在该阶段竞争很激烈。

不久在进入成熟期之后，市场整体的利润虽然在不断增

[1] 又称为"巅峰群落"。在一个区域生态系统中，生物群落生长至稳定期或成熟期，群落完全适应该环境中的气候等条件，并可长时间维持稳定状态。此段时期叫作"极相"。一般来说，当一个群落或一个演替系列演替到同环境处于平衡状态时，演替就不再进行了。在这个平衡点上，群落中各主要种群的出生率和死亡率达到平衡，能量的输入和输出以及生产量和消耗量也都达到了平衡。——译者注

加，但是在该阶段只有那些可以实现大批量生产和低成本化的大型企业可以获得利润。这与那些具有较快生长繁殖速度的巨大树木占据有利地位并形成森林是如出一辙的。

植物的群落和商品市场及服务市场一样，都在遵循着生命周期向前推进的原则。那么杂草在演替的过程中应该采取何种生存战略呢？

■ 开拓者战略

杂草是在植物演替进化过程中的某一阶段内出现的一种植物。

在没有任何土壤和营养成分的不毛之地中，杂草是无法生存的。

不久，苔藓类植物和地衣类植物等生存活动逐渐造就了土壤，自此开始出现体形弱小的"一年生杂草"。但是，在由于火山运动所形成的不毛之地中出现杂草的可能性却极小。

另外，人类展开了各种各样的活动来改造自然。开垦山地，经营出新的土地；填海造陆，造就了新的土地。这些土地上的土壤或许会相对贫瘠，但却已然是地地道道、像模像样的土地了。

因此，一般在这种土地上最先生长出来的大多数是一年生草本植物。

我们把这种新垦陆地和填海陆地上最早出现的一年生草本植物称为"先驱者植物"。

这种最新出现的未开发土地是一种不存在竞争对手的新土地。在这里生长的植物无须为了应对与对手之间的竞争而烦恼。

对于这些先驱者植物而言,它们最需要掌握的是快速生长的能力。

眼下没有竞争对手的土地在不断扩大。生长在这种生存环境中,所需要的并不是打败对手的竞争力,而是快速占领土地的速度。

作为先驱者的杂草,其首要目标是不断快速地侵占新领地。

在植物界中,像蒲公英一样通过风吹绒毛来传播种子的植物无疑是占据有利地位的。这些植物在新开垦出来的土地上能够以较快的速度来传播种子并扎根于此。

但是,这些被称为"先驱者"的植物虽然具有较快的速度优势,其竞争力却非常的薄弱。在数年时间内,会有各种各样的植物挤进这块新开垦出来的土地。这样一来,一旦发生激烈的竞争,那些先驱者植物便失去了获胜的可能。不久它们便会败北,退出历史的舞台。

如此这般,这些先驱者植物总是在不断地寻找着新的生长土地并在这片土地上播撒着自己的种子。之后,在竞争达到一定的激烈程度时,便从这块新的土地向着另一块新的土地进发。

不求高广，但求深远

■ 不断探索新土地

这些作为先驱者的杂草在新土地上只能生存极为短暂的一段时间。因此，或许会有很多人认为这类杂草是一种非常稀有且不安定的存在。

实际上并非如此。

在环境安定的时代中，如果没有出现火山爆发和洪水来临等自然界激变，就不会出现新土地。或许这些杂草不得不等待着诸如新岛屿产生等一系列历史性巨变的出现。

即使在变化剧烈的现代社会中，于这些先驱者杂草而言，新的土地仍然在不断地被创造出来。

无须开垦山地，也无须填海造陆。只要城市中的房屋毁坏或建筑物倒塌，便会出现新的空地。对于先驱者而言，街道之中出现的新空地也是一种绝好的栖身之所。

但事情绝非如此简单。

比如，人类会进行除草活动。一旦除草开始，那些擅长竞争的植物便会全部被清除。或许人类会耕作农田。这样一来，此处就会变成没有植物的新土地。

换言之，不断向前发展的"进化时钟"被扭转回到了最

初的阶段。

但是这种在割草及耕作之后出现的新场地与前面所提到的不毛之地相比，生存环境大相径庭，因此需要的谋求生存的能力便也不同。

在这种土地上存在着能够供应植物生长的富含营养成分的土壤。甚至杂草还能够在这样的土地之中保留下种子。因此，对于生活在这种环境中的杂草而言，所要具备的并不是将种子撒入泥土之中的能力，而是提前将种子储存在土壤之中并努力生长的速度。

先驱者杂草的生存战略和擅长捕捉时代潮流的流行店铺是一样的。

在不断追逐流行的商业界中，一旦糕点流行起来，人们就会经营糕点屋；木薯粉珍珠成为潮流，大家便会经营木薯粉珍珠饮料店。

待一种潮流退去之后，下一个潮流便接踵而至。

这就与不断谋求新土地的先驱者杂草如出一辙。

于先驱者杂草的生存战略而言，其要点是"速度"和"零成本"。

另外，先驱者杂草的生存战略是擅长应对变化的"扰乱适应型战略"的典型代表。我希望大家能够回忆起之前的内容。在"扰乱适应型战略"中所必须具备的要素是"对下一代的投资"。不花费任何成本茁壮成长，并提前播撒好下一代种子——这就是先驱者杂草的生存战略。

■ "一年生杂草"和"多年生杂草"

在植物演变进化的漫长过程中，杂草是活跃在较早阶段的一种植物。

但是，杂草的种类不尽相同。既有作为"先驱者"最先登上历史舞台的杂草，也有继"先驱者"之后才逐渐出现的杂草，甚至在这类杂草诞生之后仍会出现其他种类的杂草。

不同的杂草选择各自擅长应对的环境作为自己的栖身之地。因此，从植物演变进化的时间轴来看，不同的杂草各自拥有不同的栖身之所。

那些成为先驱者的杂草大多数为最先发芽并迅速开花结种的"一年生杂草"。换句话说，就是在一年的时间范围内完成自己使命的寿命较短的一种杂草。

不久，随着演变的车轮向前推移，一种被称为"多年生杂草"的植物登上了历史舞台。这类杂草能够存活数年之久。多年生杂草一边通过光合作用来获取并储蓄足够多的营养成分，一边努力地使自己生长得体形巨大。之后，努力发挥其自身具有的竞争力，战胜一年生杂草。

因为多年生杂草比一年生杂草相对较晚地登上历史舞台，所以在环境扰乱频发的生活条件下，多年生杂草毫无用武之地。因此，经常出现种种变化的生活环境对于一年生杂草是较为有利的。

■ 同样存在着对"多年生杂草"有利的环境扰乱因素

环境扰乱因素的出现导致植物的演变进化不得不重新来。

因此，出现环境扰乱因素的频度越高，对于以速度取胜的一年生杂草来说越有利。出现环境扰乱因素的频度越低，则对以竞争力来取胜的多年生杂草越有利。

但是，并非环境扰乱因素一定就能够给一年生杂草带来有利的影响。就像根本无法回归到火山喷发所形成的没有任何土壤的不毛之地的那种归零状态一样，根据扰乱的频度和强度的不同，植物演变进化的车轮或许会停留在多年生杂草所活跃的"舞台"之上。

比如，在河川的河堤岸以及道路的路堤等场地中，一年之内会进行数次定期的割草活动。由于割草活动只是除去了地表部分的杂草，所以那些在土壤中广泛分布着根系或者球根等营养储存器官的杂草们只需以此为据点重新生长即可。因此，与以速度取胜的一年生杂草相比，这种以土地的出产能力取胜的多年生杂草会占据更加有利的位置。

并且由于除草活动是定期进行的，所以像木本植物等擅长竞争却不擅长应对环境扰乱因素的植物便无法在此处谋求到栖身之所。适当的环境扰乱对于多年生杂草而言是有利的。

但是，如果出现环境扰乱因素的频度过高或扰乱的强度过大时，多年生杂草便会面临危险的境遇。

如果割草行动进行得过于频繁，那么即便多年生杂草片刻不停地致力于再生，却也已然失去用来储存营养成分的充沛时间。最终，这些好不容易才储存起来的营养成分会被消耗殆尽。

变化对于杂草而言是一种机遇。

但是这绝不意味着任何变化对于杂草而言都是有利的。杂草种类不同，究竟哪种变化能够带来有利影响也就不同。

■ "多年生杂草"所采取的环境扰乱应对策略

对于杂草而言，土地被翻耕也是一种较大的环境扰乱因素。

在遭受"除草"遭遇之后，杂草尚且可以将根部保留下来。但是土地一旦被翻耕的话，土壤会全部被细致地翻起、打散、疏通。这样一来，多年生杂草便瞬间丢盔弃甲、不战自败了。

因此，像农田这种经常被翻耕的生活环境对于那些能够在短时间内迅速播撒种子并不断发芽的一年生杂草而言是非常有利的。

但是，在这种农田之中却也生活着许多多年生杂草。这是一个值得我们探讨的问题。

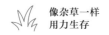

　　面对土地被翻耕这一环境扰乱因素，多年生杂草会采取何种应对策略呢（如图7-3所示）？

　　其三大应对策略如下。

　　一、拥有种子般的"小巧紧凑性"。比如，这类杂草会生长出大量的小型球根或像芋头一般的营养储存器官。虽然这些小型球根和芋头般的营养储存器官的数量无法与种子相比较，但是这些球根和芋头却具有比种子更加丰富的营养成分，其生长率更高且更具有竞争力。

　　二、生长出"节眼"。在多年生杂草中有相当一部分杂草都在地面以下延伸着茎干。这种茎干被称为"地下茎"。在这种"地下茎"上生长着许多"节眼"。另外，每一个"节眼"都具备生根发芽的能力。一旦土地被翻耕，其"地下茎"就会被撕碎。但是从这种被撕碎的"地下茎"之上竟能够再生出根芽。另外，由于每一个断裂的"地下茎"上都能

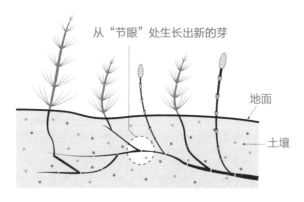

图 7-3　真正的实力隐藏在不可见处

够重新发芽，所以原本只有一株的杂草会变得多起来。

人们常说"季节的交替""人生的段落"等。从这些说法中，我们能够看出人类是非常注重生命中的每一个人生节点的。对于杂草而言，"节眼"就是为了实现再生的基点。

从不停地向上延伸茎干这一生长方式上来看，努力地生长出"节眼"的这种生长方式可以被看作是一种短暂的休息。但是，杂草却通过生长"节眼"这一方法来成功地应对环境扰乱因素，甚至可以增加自身的生长数量。

三、将据点扎根于更深处。即使我们使用拖拉机等农用器械来翻耕土地，其到达的深度也不过约60厘米。但是在杂草之中，却有一部分杂草能够将"地下茎"延伸至较其更深之处。

比如，我们都知道一种叫作笔头菜的植物，它其实是一种为了繁殖而从问荆草的地下茎上生长而出的孢子茎。[1]这种由于笔头菜而为大家所熟知的植物可以在地下1米处继续向下延伸地下茎直至地下两米处。

田旋花[2]是与牵牛花同属一类的多年生杂草。令人惊讶

[1] "笔头菜"也叫作"问荆草"或者"杉菜"，是野菜的一种，分布在山上。由于看上去像毛笔，因此被称为"笔头菜"。其实"笔头菜"特指从问荆草的地下茎上生长而出的孢子茎。问荆草的地上茎有两种，即孢子茎和营养茎。在早春萌发的是孢子茎，肉质不分枝，为褐紫色，鞘长而大。营养茎在孢子茎枯萎之后长出，约0.6米高，有纵棱6~15条。两种茎的叶都已退化。一般说来，孢子茎被称为"笔头菜"，而营养茎和植物本身被称为"问荆草"或者"杉菜"。——译者注

[2] 学名为*Convolvulus arvensis*，是一种旋花属的植物，也是一种攀爬草本多年生植物，长达0.5~2米。茎平卧或缠绕，有纵纹及棱角，无毛或上部被疏柔毛。分布在欧洲和亚洲。——译者注

的是，据记载，其地下茎可以延伸至地表以下6米之深。

一旦将地下茎延伸至此，便可以确保生长的"据点"不会被破坏。这样一来，即便地表之上发生任何变化，也不会对其产生影响。就好像它们在那些远离地表扰乱的深层之处隐藏着坚定的信念和意志。

这样的杂草是无法去除的。即使你不停地翻耕土地，它依然可以从地下再生出来。

如此，多年生杂草通过上述三大应对策略来战胜"翻耕土地"这样一种环境扰乱因素。

实际上，由于"多年生杂草"在速度方面较"一年生杂草"处于劣势，所以一旦土壤被翻耕的频度和除草频度那般频繁，多年生杂草也会逐渐消失。但是，如果土地翻耕工作以较低频率来定期进行，多年生杂草是可以有效地利用这一环境扰乱因素的。

图 7-4　戟叶蓼

第 8 章

"杂草"的成功法则
——多样性

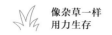
重复种种小挑战

■ 播撒小型种子

大型种子与小型种子相比，究竟哪一个占据更有利的位置呢？

其实大型种子与小型种子有着各自的优缺点。

考虑到初期生长，大型种子较为有利。因为大型种子储存了足够多的营养成分，也就可以与之相应地萌发出较大的根芽。并且较大根芽的存活率较高，之后的生长速度更快。

但是就作为亲体的植物而言，其为了产出种子而能够利用的资源是有限的。因此，如果想要生产出大型种子，就意味着其种子的产出量要变少。

那么如果努力压缩种子的尺寸，将其体形变小会如何呢？

如果每一颗种子的尺寸都变小，那么种子的数量一定会增加。

但是小型种子中储存的营养成分较少，萌发出的根芽也较小，存活率较低。这就是人们常说的"顾此失彼"。如此，当我们想要谋求在一个方面拥有有利条件，就意味着要

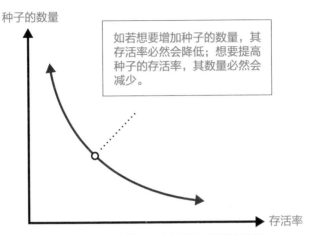

图 8-1　种子的数量及存活率与权衡的关系

牺牲其他方面的利益。我们把这种关系称为"权衡（Trade-off）"[1]。

在这种难以两全其美的关系中，每一种植物都会设定出最适当的种子数量和大小尺寸。那么在容易发生较大扰乱因素的生活环境中，杂草会选择结出什么样的种子呢？它们是

[1] Trade是"交易"的意思，"off"是"抵消"的意思。"交易抵消"似乎难尽其意，所以在此处将其翻译为"权衡"。关于"Trade-off"一词，字典里的解释是追求一方则须牺牲另一方的无法两全的经济关系，也就是说当有两个目标时，取一方则会失去另一方，无法两全的关系。简单说就是"无法两全其美"的意思，就像如果降低失业率，那么物价上涨的压力便会增强，要稳定物价，那么失业率便会升高。再比如，过于追求品质则价格会变高，过于追求价格低廉就会导致品质粗劣。此时就可以说"品质优良""价格低廉"是无法两全的关系。如何消除无法两全的关系，即实现"两全其美"，经常成为经营难题。——译者注

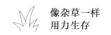
会舍多求大还是会舍大求多呢？

在种种扰乱因素频发的环境中勇敢生存着的杂草所采取的基本战略是"生产出数量众多的小型种子"。

毕竟，发生的种种变化是无法预测的。在不知道会发生什么事情、出现什么样的变化的情况下，它们不知道该将"资源"投向何处。

这样一来，最好的方式便是将"资源"事无巨细地投放在所有的事物上。

这就是"数量众多的小型种子"战略。

当然在这些数量众多的种子中，很多是无法存活下去的，也有许多种子根本无法萌发出根芽。存活失败的例子数不胜数。如果能够播撒1万粒种子的杂草没有播撒出1万粒种子，那么它就无法知晓究竟哪一颗种子能够生存下去。

在这1万粒种子中哪怕只有一粒种子能够继续维持生命，那么对于这颗杂草而言就算得上是一种成功。因此，即使以失败告终，它也要播撒数量巨大且投资风险较小的种子。

发现众多的机遇，重复较小的挑战。之后，在数次失败的经历之中寻找成功。这就是在种种扰乱因素频发的环境中勇敢生存着的杂草所采取的基本战略。

■ 种子的大小也会发生变化

前文中提到，杂草的基本战略是"播撒数量众多的小型种子"。

但是，由于杂草所处的生活环境各不相同，所以既有生产出较大种子的杂草，也有生产出较小种子的杂草。

它们根据环境的变化来不停地改变种子的大小。

接下来，我们以看麦娘作为例子进行讲解。

同一种类的看麦娘分成两大类型：一种是生活在旱地中的"旱田型"看麦娘，一种是生活在稻田中的"水田型"看麦娘。

虽然同为看麦娘，但是其种子的大小却大相径庭。

那么生活在旱地中的旱田型看麦娘和生活在稻田中的水田型看麦娘，究竟哪一种看麦娘的种子更小呢？

实际上是旱田型看麦娘选择了生产出数量众多的小型种子这一种繁殖方式。

水田和旱田都是需要被翻耕的。但是水田是在每年的春天进行耕作，而旱田则根据所种蔬菜和农作物的不同来决定其耕作时间。在一年之中旱田可能会被翻耕数次，所以在旱田这种生活环境中所存在的环境扰乱因素更大。

因此，生活在旱田中的杂草选择生产出数量众多的小型种子这一种繁殖方式的话更为有利。看麦娘种子的尺寸不会发生较大的变化，大体上的尺寸是固定的。但是即便在这种

已经确定的范围内，仍然有一些看麦娘会选择结出尺寸稍稍较大的种子，也有一些则会选择结出数量众多的小型种子。

就生活在水田环境之中的看麦娘而言，选择"生产出数量较少的大型种子"的看麦娘生存了下来，而选择"生产出数量众多的小型种子"的看麦娘则被淘汰了。另外，在旱地环境中选择"生产出数量众多的小型种子"的看麦娘则生存了下来。通过这种反复出现的淘汰机制，在本为同一种类的看麦娘中逐渐衍生出"旱田型"和"水田型"这两种不同的类型。

旱田型和水田型这两种不同类型的看麦娘其种子大小的差异就决定了其后代是否能够存活下去。种子尺寸大小上的细微差别竟然发挥了如此关键的作用。

如此，通过看麦娘所面临的机遇和淘汰机制，旱田型看麦娘和水田型看麦娘分别制定并发扬了各自不同的生存战略。杂草之所以能够生生不息，其奥秘就在这里。

战场收缩，武器照旧

■ 不放弃任何一个选择项

有一种叫作"苍耳"的杂草，被孩子们亲切地称为"粘虫"。

这种被称为"粘虫"的带刺的东西并不是苍耳的种子，而是苍耳的果实。打开这种苍耳的果实，你就会发现里面藏着两颗种子。

在这两颗种子中间，有一颗是会迅速萌芽的"急性子"，另一颗则是迟迟不肯发芽的"慢性子"。那么这两颗不同性格的种子究竟哪一种占据更有利的位置呢？

俗话说"先下手者为强"。无论做任何事情都是提前抢占先机为好。更何况杂草本就是一种依靠速度来一决胜负的植物。就像人们常说的"先发制人"一样，更早萌芽的种子必然会获得成功。

但是，人们也常说"欲速则不达，骤进祗取亡"。做任何事情过于急躁都不会进展得很顺利。做事情需要不骄不躁、踏踏实实地向前推进。

那么，快速出芽的种子和缓慢出芽的种子究竟哪一个更有利呢？

实际上，这个问题本身就是错误的。

究竟哪一种出芽方式更有利是根据杂草所处的生存环境而不断改变的。

杂草所生活的空间是一种容易出现种种不可预测变化的生活环境。因为它们并不知道哪一种出芽方式是正确的，所以便提前准备好这两颗不同出芽方式的种子。

正因为如此，苍耳才同时具有这两种性质完全不同的种子。

■ 多样性中隐藏着价值

同时具有两种类型的种子的苍耳只不过是一个具有典型性的通俗例子而已。实际上，有很多种杂草的种子在发芽时机的问题上都努力寻找着平衡点。

前文中我们已经提到过杂草的种子在土壤之中默默地等待着时机的来临。

然而，即便时机真正来临之后也并非意味着所有的种子都会萌芽。既有一些种子能够牢牢地抓住时机并迅速出芽，也有一些种子在时机到来之后仍然继续悠闲地沉睡在土壤之中。

在我们播撒蔬菜和花草的种子之后，这些种子很快便会一起萌发出根芽。但是杂草的种子却不会这样不约而同地发芽。因为这些种子具有各种各样的特性，所以它们是接二连三地发芽。因此，杂草不会全军覆没。即使人们去割草、去喷洒除草剂，它们仍然会不断地萌发出根芽。

种子的性质各不相同，这一"多样性"正是杂草的秘密武器。

这种秘密武器的作用不仅仅体现在发芽的问题上。杂草的种子还具有其他各种各样的特性。

有的种子耐寒、有的种子耐热、有的种子耐干燥、有的种子抗病害。杂草还能够繁衍出具有不同优势和个性的子孙后代。

杂草所生活的空间是一种容易出现种种不可预测变化的生活环境。

无论某株杂草取得了怎样的成功，那都仅仅意味着它在这种生活环境中碰巧获得了成功而已。在这种容易发生种种变化的环境中，下一代能否在不可预知的逆境中生存下去呢？这个问题不得而知。

因此，杂草并不是将自身的特性强加给下一代，而是尽可能多地想要繁衍出不同类型的子孙后代。

■ 能够创造出"多样性"的组织架构

这种多样性是通过何种方式维持下去的呢？

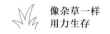
在花朵授粉问题上存在着"自花授粉"和"异花授粉"两种方式。

一般情况下，植物会通过蜜蜂等昆虫来搬运花粉。这样便可以与其他植株上的花粉进行交换并授粉。这种不同植株上的花朵交换授粉的方式叫作"异花授粉"。

与此不同，同株植物的花粉对同株植物的雌蕊授粉，即依靠自身来完成授粉过程的方式叫作"自花授粉"。

自花授粉是一种具有较大优势的授粉方式。

毕竟使用这种授粉方式的植物可以不借助任何其他事物的帮助便可以结出种子。

即便是周围没有生长着同类植物，它们单纯依靠自己的力量也可以结出种子，甚至它们不需要任何昆虫来为其传播花粉。

不仅仅如此，利用自花授粉这一方式的植物只需要将自己的花粉传送到自己的雌蕊上便可以了，所以即使花粉数量较少也没有关系。

这样一来，或许会有人认为比起"异花授粉"，"自花授粉"具有压倒性的优势。但是既然如此，为什么植物仍然还要选择这种效率较差的"异花授粉"方式呢？

这是因为它们想要衍生出更多的"多样性"。

即使植物想要使这些单纯依靠自身力量所产生的种子具有不同的性质，也会受到种种限制。只有通过与其他植物交换花粉、吸收自己所不具有的基因，才能够创造出具有不同性质的种子。

植物们为了能够世世代代永久地生存下去，多样性是必不可缺的。

甚至在人类社会中，我们会尽量避免出现近亲结婚的情况也是一样。因为血缘关系过于亲密的两个人一旦结合，其后代必然会出现不利于生存的种种性状[1]。与此相同，"自花授粉"终究也属于"近亲结合"的一种形式，所以极容易出现不利于生物生存且有害的性状特征。

因此，许多植物宁可花费精力、冒着风险，也要进行"异花授粉"。

这样便可以继续维持"多样性"了。

■ 即便如此，杂草仍然会进行"自花授粉"

想要维持"多样性"就必须进行异花授粉。

但是，也仅仅如此。

那些本应该重视多样性的杂草，大多数却选择了"自花授粉"的方式。这令人感到不可思议。

因为对于杂草而言，"自花授粉"是其长处所在。

---

[1] 性状，构成生物分类标准的一切形态上的特征，尤指以显性所表现出来的各种遗传上的性质。——译者注

在街道上，唯一一株杂草之所以能够孤零零地生长在那里，是因为它在这种缺少舒适条件的残酷环境中仍然能够通过"自花授粉"的方式来保留下种子。

但是如果持续坚持"自花授粉"的方式，那么便很难维持其"多样性"。因此，大多数的杂草绝非仅仅依赖"自花授粉"的方式，而是同时掌握了"异花授粉"和"自花授粉"这两种能力。这可以称得上是"一肩挑战略"。

"异花授粉"有"异花授粉"的好处，"自花授粉"有"自花授粉"的优点。这样一来，杂草最好并非只单纯地依靠其中某一种授粉方式，而是同时掌握"异花授粉"和"自花授粉"这两种能力。同时拥有大量备选项的人往往会占据有利的地位。

也有一些植物能够系统性地使这两种授粉方式相调和。

比如，繁缕、阿拉伯婆婆纳、鸭跖草等杂草在开花之后就开始进行"异花授粉"，但是在昆虫采食花粉或花苞紧闭的时候，它自己便会将花粉播撒到自己的雌蕊上进行"自花授粉"。为了防止出现昆虫不来而授粉失败的情况出现，它们提前做好了两手准备。

众所周知，在群蜂乱舞的春季，紫花地丁[1]会绽放出紫色的花朵。这其实是一种吸引昆虫来采食花粉、进行"异花

---

[1] 紫花地丁，学名Viola phillppina，紫花地丁属于堇菜科堇菜属，其花小而精致，花冠左右对称，花瓣5枚。——译者注

授粉"的策略。

　　但是，随着夏天的来临，气温也逐渐升高，那些不耐炎热的蜜蜂和虻虫等昆虫的活动开始变得迟钝起来。此时，紫花地丁便不再开花，在继续保持花苞的状态下便进行"自花授粉"。这种在花苞状态下便可完成授粉仪式的花朵被称为"闭锁花"[1]。

　　将春天的田野装饰得五彩缤纷的宝盖草在春日期间会绽放出美丽的花朵，但随着春天的结束，其也会逐渐生长出保持花苞状态的"闭锁花"。这样它便也可以做到"一颗红心，两手准备"，进行"异花授粉"和"自花授粉"了。

　　有一种叫作"戟叶蓼"的杂草，其生存战略更加耐人寻味。

　　戟叶蓼的典型特征便是开出粉红色的花朵。这种引人注目的花朵其实是为了吸引昆虫采食花粉并进行"异花授粉"的一种策略。与此相对，在接近其根的地面以下生长着的茎干上却盛开着"闭锁花"。因为昆虫绝不会飞到此处来采食

[1] 在自然界中，开花是被子植物繁殖过程中的关键阶段之一，但是有些植物，它们的花始终不开放，只是通过自花受粉来产生种子，这种花就叫作"闭锁花"（cleistogamous）。与闭锁花相反，能开放并且展示出雄蕊与雌蕊的花叫"开放花"（chasmogamous）。以紫花地丁为代表的堇菜属植物的花有两种形态：春天的花有正常的花瓣，可以吸引昆虫进行异花授粉；而夏秋两季的花则没有花瓣，雄蕊紧贴在花柱上，可以自花授粉，即上文所提到的"闭锁花"。闭花受粉是典型的自花传粉，即在未开花时已完成受精作用，这种现象叫闭花传粉和闭花受精现象。如豌豆花便是典型的闭花受精植物。这是因为呈蝶形的花冠中，有一对花瓣始终紧紧地包裹着雄蕊和雌蕊。闭花受粉保证了植物在自然状态下永远是纯合子。这是因为自花传粉是植物对缺乏异花传粉条件时的一种适应。"闭锁花"又分为四类：真正的闭锁花、假闭花受精锁花、完全闭锁花、花前受精闭锁花。——译者注

花粉，所以即使生长在地面以下也全然没有关系。

虽然在地面以下结出的种子不能移动到远方，但是这种通过"自花授粉"方式所产生的种子却具有和亲体极为相似的特征。因此，这类种子便在亲体生活的地方自顾自地发芽生长。这种生存方式对其来说是非常有利的。

通过"异花授粉"所生长出的种子具有和亲体不同的特征，所以挑战新的生存环境对其而言是有利的。它们会顺着水流等奔向远方，扩大了自己的生存范围。

无论哪一种方式都是十分合理的。

■ 利用"一肩挑战略"来应对变化

杂草生活的空间是一种不断变化的环境。

所以哪种生活方式是正确的，哪种生活方式是错误的，要根据环境来进行判断。成功与否只不过是一种结果而已。

谁都不知道究竟哪一种生活方式是正确的。

杂草总是生长在这样一种不知道何为正确答案的环境之中。

当我们不知道哪种做法正确时，该如何做呢？

杂草的答案是非常明确的——如果不知道哪一种生活方式是正确的，那么就同时做好两手准备。

究竟是快速发芽更有利还是缓慢发芽更有利呢？根据所

处环境的不同，其答案也会不同。因此，杂草会同时准备好可以迅速发芽的种子和可以缓慢发芽的种子。

为了维持多样性，"异花授粉"是不可或缺的。但是"自花授粉"却具有更大的优势。

这样的话，同时具备"自花授粉"和"异花授粉"能力的杂草就会占据更为有利的地位。

采取不断横向延伸茎干、扩大自己的生活范围的"阵地扩大型战略"更有利，还是采取纵向伸展茎干、不断扩大自己的生存空间的"阵地强化型战略"更有利？

是通过种子来增加自身数量的方式更有利，还是通过根系和茎干等营养储存器官来增加自身数量的方式更有利？

到目前为止，我们已经了解了杂草所面临的众多二选一的问题。此时，大多数的杂草都会将两个备选项当作必选项，实施"一肩挑战略"。

杂草就是这样有战略性地选择战场。

但是，武器越多越有利。因此，它们绝不会扔掉自己手中的武器。在应对环境变化的问题上，同时占有所有的备选项是十分重要的。

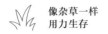
每一种个性都不可或缺

■ 对于杂草而言，何为个性

对于生活在变化纷呈的环境之中的杂草而言，其生存下去的重要关键词是"多样性"。

这里的多样性指的不仅是多样化的生存战略，也包括支撑这些战略的多样化选择和多样化杂草群体。

杂草的群体是纷繁散乱的，这就是杂草所具优势的来源。

如同我们在前文中所介绍的那样，杂草变化的组织架构有两大类型：一种是根据环境的变化来改变自身的"表现型可塑性"；另外一种是与生俱来的性质本就各不相同的"遗传型多样性"。在这里我们重点探讨一下"遗传型多样性"。

如果我们用拟人手法来描述这种具有遗传性偏差的群体的话，可以将其称为"个性化集团"。那么对于杂草而言，"个性"究竟是什么呢？

与具有多样性的杂草相对，生物界中同样存在着不具有多样性的特殊植物。这就是我们人类所栽培的农作物。

农作物是一种由人类创造出的精英类植物。越光水稻，稻米的一个品种。比如我们明明播种了越光水稻[1]的种子，最后结出的稻米其味道却各不相同。这一点着实令人感到疑惑。另外，如果稻米成熟的时期各不相同，那么我们也是无法收获粮食的。因此，为了达到均一性，我们必须对农作物进行层层筛选。

这一植物中所要求的并不是"多样性"，而是"均一性"。

在这里有一个非常典型的奇闻轶事。

在19世纪40年代，爱尔兰岛上曾经发生了一场突如其来的土豆大病害，造成了创纪录的大饥荒。上百万人在这场饥荒中活活饿死，而约有两百万人不得不抛家舍业、逃往国外。

在这场历史性大事件的背后，隐藏着的是土豆的"均一性"。

土豆通过球根来达到自身繁殖的目的。因此在爱尔兰岛上，所栽培的品种均是源自一颗土豆的亲体。品种唯一便意味着该亲体如果不能抵抗某种疾病，那么整个国家中所有的土豆都无法抵抗这种病害。因此，国内所有的土豆都陷入了毁灭的泥沼之中。

农作物是人们从优秀的种类中选择出来的更为优秀的种类。但是这种选择不过只是单纯按照人类有限的基准来进行

---

[1] 越光米是日本大米的商标及同种水稻的品种。越光米的历史始于1944年的新潟县农业试验场，在1956年被正式命名为越光。越光的水稻耐高温，不易出现穗发芽，米粒颗粒均匀、饱满、胶质浓厚、色泽晶莹透亮。越光米的口感香糯、柔软且味道上佳，而价格也相对较高。因此在日本全国推广开来，1979年以来连续维持日本播种面积首位的纪录。——译者注

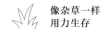

的。这类植物或许只需在人类的保护之下便能够平安地生长，这种所谓的"优点"是非常有限的。想要依靠这种有限的优点在自然界中谋求栖身之所并非易事。

但是在杂草之中却很少会发生这样的事情。

比如某株杂草不擅长应对A病害，其他的杂草却能够较好地抵抗这种病害。然而，能够抵抗A病害的杂草却不擅长应对B病害，而另外的杂草则又擅长抵抗B病害。如此这般，具有种种不同性质的杂草便形成了不同的集团，这样就不会出现全军覆没的状况了。

■ 适应高尔夫球场的生活环境

早熟禾是一种生长在高尔夫球场的杂草。

对于杂草而言，高尔夫球场是一种过于残酷的生活环境。毕竟，这里会频繁地进行除草活动。早熟禾是一种禾本科植物。如同前文所介绍的那样，禾本科杂草将其生长点保持在接近地表的较低之处，以此来应对割草的遭遇。

主要的问题出现在抽穗时期。杂草在抽穗的时候必须向上延伸茎干。但是茎干一旦延伸出来，重要的穗子便面临被割掉的境遇。

因此，生长在高尔夫球场上的早熟禾便具有一种特殊的性质——在较割草高度更低处抽穗。

　　但是，整个高尔夫球场是由球道[1]、障碍区域[2]和果岭[3]等若干个不同的场所组合构建而成。不同的场地所要求的割草高度是不同的。一方面，"球道"是组成高尔夫比赛路线的核心区域，其领域的草坪要被修剪得短小整齐。另一方面，在位于路线之外的障碍区域内，以达到较难发球的目的[4]，所以该领域的草类保持了较高的高度。

　　令人们津津乐道的是，从球道和障碍区域内分别取一株早熟禾的杂草移栽到不会进行除草活动的区域之后，球道上的早禾苗抽穗位置也要比障碍区域内的早禾苗抽穗位置低。

　　障碍区域中的草保留高度大概为35毫米，而球道上的草保留高度大概为15毫米。令人惊讶的是，在球道和障碍区域内生长的早熟禾会努力适应不同的环境，在其各自保留的不同割草高度处抽穗。

　　那么生长在果岭范围内的早熟禾会怎样呢?

　　果岭是整个球场中保留最低割草高度的场所，其高度为3~5毫米。这种高度同障碍区域和球道上的割草保留高度相比，确实要低得多。

---

[1] 正规通路，球座与终点间修整过的草地。——译者注

[2] 高尔夫球场位于平坦地区外侧的杂草丛生地带。——译者注

[3] 在洞口附近，特别将草坪修整得很平整的地区，只能用推杆。——译者注

[4] 为了增加竞技性、挑战性和娱乐性。——译者注

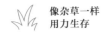

但是早熟禾却十分厉害。即便人们仅仅挨着地皮去割草，它们仍然能够在较其更低的位置处抽穗。

■ "奇葩"引发了变化

长颈鹿利用漫长的时间，经过一代又一代的努力，终于进化出了长长的脖子，能够吃到高大树木上的枝叶。

那么，早熟禾要适应高尔夫球场中的草坪修剪这种环境变化，究竟需要多长的时间呢？

对于早熟禾而言，这并不会花费它们太长的时间。毕竟，草坪修理活动是频繁进行的。如果它们在一次草坪修理的过程中无法抽穗，那么便不能将种子保留下来。机会不是无穷无尽的。因此，为了应对变化，不允许它们有片刻的犹豫。

前文中我们已经提到过，杂草所引起的变化可以分为"表现型可塑性"和"遗传型可塑性"两种。在早熟禾的变化中也存在着"表现型可塑性"因素。一旦人类进行除草活动，感知到这种刺激的早熟禾便会努力地在较低的位置抽穗。这样做主要是为了能够适应除草的遭遇。

但是，这种"表现型可塑性"因素存在一定的限制。毕竟，果岭区域要求草保留的高度仅仅为数毫米，这是何等严格啊！即便厉害如早熟禾，它们想要适应这种长度的割草要求，也绝非易事。

　　然而，在早熟禾中却有一部分拥有在极低位置处抽穗的能力。这就是早熟禾中的"奇葩"。毕竟在自然界中，在距离地面数毫米处抽穗的能力基本上没有太大的作用。但是，在高尔夫球场的果岭这样一种特殊的环境中，正是这种极其奇妙且特殊的能力发挥了作用。早熟禾也正是依靠这些风格使得子孙后代有适应果岭这种过于残酷的环境并占领高地的能力。

　　大多数场合下，在较低位置处抽穗的这种能力是毫无用处的。然而，早熟禾却仍然在不停地努力创造出此类"奇葩"。

　　接下来，我们看一下其他的例子。除草剂原本是能够预防和除去杂草的便利物品，但是最近却出现了"除草剂抵抗型"杂草。对于这类杂草，除草剂失去了它原本的作用。

　　原本喷洒了除草剂之后，杂草便会枯萎死去。

　　但是在具有多样性的杂草中，却有一部分杂草拥有可以抵抗除草剂的特殊基因。这种数量极少的"奇葩"保留下了种子。之后，具有此类抵抗除草剂的特殊基因的个体逐渐多了起来。

　　然而，除草剂毕竟是现代社会中人类所创造出来的一种商品。在自然界中，"抵抗除草剂的特殊基因"原本没有任何的作用。甚至在生存问题上，这种基因会带来种种不利的影响。拥有这类基因的植物或许会被称为"奇葩"，也或许会被称为"差等生"。但是杂草却不断地衍生、维持着这种毫无用处的"奇葩"。

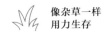
果岭的除草活动和除草剂的使用原本是在自然界中根本不会出现的特殊环境。但是杂草仍然能够创造出适应该环境的种子，其根源就在于它们具有的"多样性"。

■ 不知道何为正确答案

蒲公英的花是黄色的。

自然界中并不存在红色的蒲公英或紫色的蒲公英，在这一问题上并不存在探讨"多样性"和"个性"的空间。

这是为什么呢？

因为蒲公英的花能够吸引虻虫。虻虫很喜欢聚集在黄色的花朵之上。换句话说，对于蒲公英而言，开出黄色的花是最正确的选择。

并不是在任何问题上只要具有"多样性"就一定是正确的。对于具有明确答案的事情，杂草无须具备多样性。

但是蒲公英叶子的形状却具有多样性。或许在叶子的形状这一问题上不具备唯一正确的答案。因此，其叶子就出现了多种多样的形状。

何为正确答案呢？不得而知。因为何为正确答案是根据环境的变化而变化的。

对于无法找到答案的事情，杂草具有多样性。既然出现了多样性，就意味着其一定具有某种意义。

不仅仅杂草是这样的，所有的生物都是如此。

比如我们人类有两只眼睛，世界上并不存在长出三只眼睛的人。因为对于人而言，两只眼睛是最好的选择。因此，所有的人最多都只具有两只眼睛。在这一问题上不存在着任何"个性"。

但是每个人的脸却拥有不同的个性。每个人的性格也具有各自的特征。每个人的能力也各不相同。之所以会这样，是因为在这些要素所具备的个性中都存在着某种与之相应的意义。

比起复制无数个自己而言，杂草更想要努力地维持这种具有多样性的"奇妙能力"。

在这个不知道何为正确答案的时代，在这个容易发生种种不可预测变化的时代，什么要素和品质是必须具备的呢？或许杂草的进化能够告诉我们正确的答案。

图8-2　早熟禾

第 9 章

杂草的生存战略
梳理

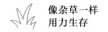

"变化之中求生存"的关键要素

从第4章到第8章，我们通过"逆境""变化"和"多样性"这三大要素对杂草的生存战略进行了介绍。在这里，我们以三大要素的关系为主轴，对杂草的生存战略进行一下梳理。

如果我们在对杂草的战略进行整理时，将焦点放置在"应对环境变化"这一要素上，便可做出如下总结。

① 发现弱点，集中精力发挥优势。

② 通过简单朴素的处事方式来创造新的价值。

③ 尽可能地避免竞争，擅长捕捉由变化所创造出的新环境。

④ "战场"不断收缩，但作为"武器"的备选项不可减少。

⑤ 不做简单随意的价值判断，从"多样性"中寻求价值。

接下来我们按照上述顺序——进行详细的探讨。

■ 发现弱点，集中精力发挥优势

杂草是柔弱的植物。

这是我们讨论的出发点。

杂草不擅长竞争。在这一前提下，不同的杂草各自在自己擅长的领域中顽强不屈地生存着。

这种领域便是"不断变化的环境"。

杂草是柔弱的植物。但是在我们人类眼里，杂草却是一种坚韧不拔、不屈不挠的植物。这是因为它们擅长避开自己的弱点，仅仅依靠自己的长处来取得胜利。

另外，杂草完全有理由可以从"不断变化的环境"中发现自己的长处所在。

实际上，正是那些"不断变化的环境"才使得植物能够找到发挥自身实力的地方。另外，对于某些柔弱的植物而言，"不断变化的环境"完全是一种机遇。变化因素越多，就意味着存在的机遇越多。

■ 通过简单朴素的处事方式来创造新的价值

对于选择生活在不断变化的环境中的杂草而言，真正发挥有力作用的是"草类"这一系统。

植物原本是要朝着能够长成参天大树的方向进化的。因

为在安定的环境中，能够获胜的无疑是强者。而对于植物而言，所谓强者便是体形巨大的植物。毕竟，体形越大，越能够充分地享受光线的照射，从而占据成长上的更加有利的地位。关于这一点我们是很容易理解的。

但是在恐龙生存的时代行将结束的时候，环境发生了巨大的改变，气候也随着发生了天翻地覆的变化。所谓的"大变化时代"来临了。

此时，在植物界中所兴起的创新之举就是从裸子植物向被子植物的进化。

与原来的裸子植物所具有的系统组织相比，被子植物的组织架构更容易在较短的时间内结出种子。通过这种创新之举，植物的进化开始不断加速。

另外，一些在绽放美丽的花朵之后才结出种子的植物也开始出现。绽放美丽的花朵来吸引昆虫搬运花粉——这种具有划时代意义的变化不但进一步加速了植物的进化过程，而且还促进了"草类"这样一种新类型植物的发展。而草类无须生长得体形巨大，只需要依靠合适的成长速度便可以谋求生存的一席之地。

在不断变化的时代，能真正促进新价值产生的是"简单朴素的处事方式"。

而这种"简单朴素的处事方式"能够带来种种附加价值——比如，可以应对生长速度和环境变化的"灵活性"和能够超越艰难险阻的"柔弱性"等。

而能够将这些附加价值打磨提升至"可以应对人类所创造出的种种变化"这一程度的植物便是杂草。

　　曾把充满"血腥斗争"的商业领域称为"红海"的金昌为（W. C. Kim）和莫泊奈（Renée A. Mauborgne）[1]主张在"蓝海"[2]中展开商业活动。

　　在蓝海战略中，虽然人们都在很热心地寻找那些没有任何竞争的全新市场，但实际情况却与人们设想的不同。

　　迈克尔·E. 波特教授在自己所提出的举世闻名的竞争战略[3]中明确指出，在竞争中获胜的关键步骤在于实现"低成本化"或者"高价值化"。与此不同，"蓝海战略"则主张在通过减少不必要的功能来实现"低成本化"的同时，还要通过增加新的功能来实现"高价值化"。

　　木类向草类进化的过程正是"在减少不必要功能的同时创造新的附加价值"这一理论的体现。另外，作为新样式植物的"草类"在以往植物都无法生存的"新蓝海"中逐渐创造出"杂草"这一新的物种类型。

---

[1] 所谓"红海战略"是指在已知市场空间中，竞争激烈，你死我活，充满血腥，犹如红海。——译者注

[2] "蓝海战略"指的是在当今还不存在的某个产业领域开展事业，打开一个未知的市场空间。——译者注

[3] 迈克尔·E. 波特（Michael E. Porter，1947— ）哈佛商学院的"大学教授"。"大学教授"是哈佛大学的最高荣誉，迈克尔·波特是该校历史上第四位获得此项殊荣的教授。迈克尔·波特在世界管理思想界可谓是"活着的传奇"，他是当今全球第一战略权威，是商业管理界公认的"竞争战略之父"。他的学说重点主要有：五力模型、三大一般性战略、价值链、钻石体系、产业集群。——译者注

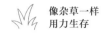
■ 尽可能地避免竞争，擅长捕捉由变化所创造出的新环境

尽可能地避免竞争。

实际上，这是生物间共通的生存战略。

在生物界中，激烈的竞争循环往复、从未停息。生物间的竞争是一种围绕"利基"（自己的生存场所）所展开的战斗。在竞争中获胜并占有"利基"的生物可以继续生存下来，而在竞争中败北并被夺走"利基"的生物便会从这个世界上消失。这是多么残酷的竞争啊！

但是，无论强者如何盛气凌人，其想要永久地立于不败之地也绝非易事。因此，所有的生物都尽可能地避免战争，并且要在自己能够取胜的领域内一决胜负。这就是在地球上不断进化、从竞争中获胜并生存下来的生物所遵守的法则。

前文说过所谓"利基"指的是"能够成为第一名的唯一领域"。生物界的生物为了争夺"利基"而展开了种种竞争。

但是，有一种条件却可以让获得"能够成为第一名的唯一领域"的机会不断增加——那就是"环境的变化"。环境一旦发生变化，便可以创造出新的环境。这种新的环境大多数都是没有被任何生物所占领的空白领域。因此，大多数的"变化"对于生物而言都是一种机遇。

在"捕捉变化"这一问题上，为了能够发挥自身优势而不断进化的生物便是杂草。

对于杂草而言，环境变化并不是一种逆境。这种变化不是它们必须忍受的遭遇，也不是它们必须要努力克服的困难。

对于杂草而言，变化所带来的只有机遇。

■ 战场不断收缩，但作为武器的备选项不可减少

究竟是选择A选项，还是选择B选项呢？很多时候我们在进行选择时都会产生这样的迷惑。但是就杂草而言，当它们无法判断A与B究竟哪一个选项更为合适时，它们便不再舍弃其中任何一个备选项。因为究竟哪一个选项更好、哪一个选项更为正确，这是根据环境的变化而不断变化的。

生活在自己所擅长的领域——这是杂草生存的奥妙所在。因此，杂草在不断地收缩战场，但是却绝对不会减少作为武器的备选项。

■ 不做简单随意的价值判断，从多样性中寻求价值

备选项越多越好。

但是，人们却很难了解究竟哪一个备选项中蕴含着价

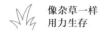
值。另外，即便目前具有价值的事物也不会永远地保持价值。

杂草能够取胜的环境是一种经常发生变化的场所，并且这种变化是不可预测的变化。在应对环境变化的问题上，最危险的做法便是依靠单纯的价值标准来随意地做出价值判断。比如，"体形越大，就越有利""生长速度越快，就越有利"等这些简单的规则在环境发生些许变化时，便会迅速地分崩离析。

究竟是体形巨大为好，还是体形娇小为好我们不得而知。究竟是生长速度较快为好，还是生长速度较慢为好？我们也不得而知。对于杂草而言，在这种不可预测的环境中唯一可以依靠的价值便是"多样性"。

■ 理想型杂草

如同我们在前面所提到的那样，杂草是适应了这种由人类所创造出来的"不可预测的变化"，并完成了某种特殊进化的特殊植物。

但实际上，这种朝气蓬勃的向上生长的杂草只不过是一部分被选择出来的植物而已。

那么这种特殊性究竟是怎样的呢？

在被称为"杂草"的这类植物中具有一些共同的特征。我们把这种能够获得成功的特性称为"杂草性"。具有杂草性的植物可以适应环境的变化，逐渐地成长为一株真正的杂草。

著名的杂草研究学者贝克，列举出12个项目作为"理想型杂草"的必备要素。另外，这里所说的"理想型"并不是对于我们人类而言，而是对于杂草而言的。

这些特征都是杂草在逆境中能够存活下去的关键因素，也是杂草能够获取成功的秘诀所在。

① 种子具有休眠性，发芽所要具备的环境因素较多且较为复杂。

② 种子并非同时发芽，埋藏在土壤中的种子寿命较长。

③ 营养生长较快，可以迅速地开花[1]。

④ 在可生育能力范围内尽可能长期地生产种子。

⑤ 虽然具备自交亲和性[2]，但不存在绝对的自体繁殖[3]。

⑥ 在异花授粉的情况下，通过风媒或虫媒等方式来传播花粉，而不局限于某一种昆虫。

⑦ 在优越环境下可以产出更多的种子。

---

[1] "营养生长"是指植物的根、茎、叶等营养器官的建成和增长的量变过程。——译者注

[2] 雌雄同株，同宗结合，继自身可孕的有性生殖方式。——译者注

[3] 自体繁殖即无性繁殖。无性繁殖也叫无配子繁殖，是一种亲体不通过性细胞而产生后代个体的繁殖方式。——译者注

⑧ 即便在恶劣的条件下也可以生产出一定数量的
种子。

⑨ 具有巧妙地传播种子的组织架构，可调节种子
传播的远近距离。

⑩ 就多年生杂草而言，其被切断的营养器官处具
有强大的繁殖力和再生力。

⑪ 人类所带来的扰乱因素会使得多年生杂草在较
深的土壤中生长出休眠芽。

⑫ 具有特定的组织架构，可以使其在种族间的竞
争中占据有利地位。

但是，这种被称为"杂草"的植物不可能具备上述所有
的特征，它们只具备其中几个特征而已。另外，具有较多上
述特征的杂草被称为"理想型杂草"。

那么这些特征最终能够在商务领域为我们提供参考价值吗？
让我们尝试整理一下上述要点吧。

■ 种子具有休眠性，发芽所要具备的环境因素较多且较为复杂

欲速则不达。对于杂草而言，引发杂草萌芽的时机是左

右成功的关键因素。因此，杂草为了能够在最合适的时机发芽，需要从不同的环境信息中来确定发芽时期。

■ 种子并非同时发芽，且埋藏在土壤中的种子寿命较长

如果种子同时发芽，就有可能出现全军覆没的情况。我们不能把所有的鸡蛋放在同一个篮子里。因此，杂草需要提前在地下储存好丰富的种子，做好多方面的准备。之后便寻找时机接连不断地发芽。

另外，储存在土壤中的种子可以长年累月地等待良好时机的到来。这种蕴藏在土壤之中的、肉眼不可见的潜在能力，正是杂草的强大之处。

■ 营养生长较快，可以迅速地开花

"快速"是杂草取得成功的重要因素。在萌芽之前，杂草要等待较长的时间。但是事情一旦开始，便不允许有片刻的停留。出芽之后的杂草就必须要迅速地生长，确保自己的生存场所不受到侵害。因为它们不知道在这种不可预测的环境中会发生什么样的状况。因此，越是生存在不安定的环境

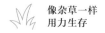

中，越是要迅速地绽放花朵，无论这个花朵有多小。

■ 在可生育能力范围内尽可能长期地生产种子

开花结种是杂草生存的目的，但是它们并非只开出一朵
花后便宣告使命的结束。在条件允许的范围内，杂草会不断
地绽放花朵，且尽可能多地保留下种子。只有它们在满足自
己设定的目标之后，才会停止生长。如果残留种子是其生存
目的，那么它们便会竭尽全力地生产出更多的种子。这就是
杂草。

■ 虽然具备自交亲和性，但不存在绝对的自体
繁殖和无融合生殖

有些植物能够把自身的花粉传输到自己的雌蕊上并产出
种子。我们把这种能力称为"自交亲和性"或"自体繁殖性"。
另外，"无融合生殖"指的是即便无须授粉也可以产出具有自
我克隆性的种子的能力。并且通过这种能力，在没有同类植物
存在的情况下也可以依靠自己的力量来存留下种子。

具有自交亲和性的植物即便不与其他的个体相交合，也
可以通过自身这个唯一的个体来留下种子。这种完全依靠自

身来完成使命的能力正是杂草的强大之处。但是这种单纯依
靠自身力量产出的种子很难具有超越亲体的能力。因此，为
了适应种种环境状况，杂草在具备自体繁殖能力的同时，也
会和其他的个体交换遗传基因资源。这种灵活性对于杂草的
生存而言是极为重要的。

■ 在异花授粉的情况下，通过风媒或虫媒等方式来传播花粉，而不局限于某一种昆虫

在搬运花粉、帮助植物进行结合繁殖的问题上，昆虫是
一个相当优秀的伙伴。但是如果单纯地依赖某一种特定昆
虫，那么一旦发生一些不可以预测的事情，它们便会无所依
靠。因此，杂草需要摒弃挑剔的心理来与更多种类的昆虫结
成广泛的合作关系或者衍生出不依靠昆虫而依靠风媒来传播
花粉的组织架构。这样一来，它们会较其他植物占据更为有
利的位置。它们有必要做好准备来应对突如其来的种种状
况。为了应对非常时刻的来临，掌握的手段越多越好。

■ 在优越环境下可以产出更多的种子

即便生活在条件极为恶劣的环境中，依然能够绽放花

朵——这是杂草的特征之一。但是，杂草的强处绝非仅仅局限于对逆境的忍受之上。生活环境越好，越能够充分地发挥自身潜在的实力——这是杂草的另外一个长处。当然，也有许多植物在良好的生存环境中会逐渐忘却自己原本应该"保留种子"，而只是一味地疯狂生长到枝繁叶茂。但是杂草却从来没有忘却自己生存的目的，它们把所有的资源都投入到达成该目的的过程之中。

"多产（种子）"是杂草获取成功的关键词。越是生长，越能够与之相应地结出大量种子。

■ 即便在恶劣条件下也可以生产出一定数量的种子

即便数量再少，也要保留下种子——这是杂草生存的目的。如果不能够保留下种子，那么即便忍受种种逆境成长起来也是没有意义的。即便身处困苦之境，也要竭尽全力保留下些许种子——这是杂草生存方式的本来面目。如果不能结出种子，那么生长得如何枝繁叶茂也是没有意义的。比起一味疯狂生长的植物来，那些哪怕只能保留下一粒种子的杂草也是胜利者。

■ 具有巧妙地传播种子的组织架构，可调节种子传播的远近距离

对于无法自由移动的植物而言，种子可以称得上是一种"可移动的机遇"。种子可以把亲体的生命和希望带到它们未曾见过的远方土地之上并分布开来。

但是，种子们几乎没有可能落在亲体所在的位置之上。这些种子应该会被带到那些它们从未见过的未知领域。杂草为了扩大自己的分布范围，锻造出种种高度发达的组织架构。

■ 就多年生杂草而言，其被切断的营养器官处具有强大的繁殖力和再生力

在杂草的生长过程中，既会遇到"被割掉"的情况，也会遇到"被折断"的厄运。但是在遭受这些挫折之后几乎就要枯萎的杂草并不是生活的弱者。它们会重新萌发根芽，开始新一轮的生长。不仅如此，甚至被切断的营养器官也能够重新发芽。杂草就是这样巧妙地利用逆境来达到增加自身数量的目的。

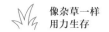

■ 人类所带来的扰乱因素会使得多年生杂草在较深的土壤中生长出休眠芽

土地被翻耕、杂草被割除——在杂草的生活环境中存在种种环境扰乱因素。

当然，应对这种环境扰乱因素是非常重要的。但是它们不会卷入表面的喧哗骚动之中，而是在人手不可触及的深处踏踏实实地隐藏着休眠芽[1]。

无论在地表发生什么事情、出现何种变化，在地下深处都隐藏着休眠芽。之后，它们会以地下深处的芽为基点重复多次地生长出来。所以，它们可以不受环境扰乱因素的干扰，充分地发挥自身的实力。

■ 具有特定的组织架构，可以使其在种族间的竞争中占据有利地位

植物界是充满激烈竞争的世界，许多植物为了争夺光、水分和肥料等有限的资源而展开激烈的竞争。为了在这种竞争中占据稍有利的地位，植物发展出了各种各样的技能。在

---

[1] 芽休眠（bud dormancy）指植物生活史中芽生长的暂时停顿现象。芽休眠不仅发生于植株的顶芽、侧芽，也发生于根茎、球茎、鳞茎、块茎，以及水生植物的休眠冬芽中。芽休眠是一种良好的生物学特性，能使植物在恶劣的条件下生存下来。——译者注

应对激烈竞争的过程中，每一种杂草都衍生出了具有自我风格的生存模式。因为不具有一技之长的人在激烈的竞争社会中是无法生存下去的。

图 9-1　麒麟草

第 **10** 章

杂草的
特色战略

在容易发生种种不可预测的变化环境之中谋生存的杂草具有一些共同的特征和战略。

但是，具体说来，杂草的生存战略却是多种多样的。我们可以说："1万种杂草就有1万种生存战略。"

不仅杂草界如此，在生物界中最重要的事情便是成为"唯一"。为了成为唯一，它们必须具有唯一的战略。

单纯地模仿周围生物的生存战略，就会很容易地卷入激烈的竞争之中，从而无法成为胜利者。想要在自然界中谋求一席之地，就要具备成为"唯一"的生存战略，确立"唯一"的地位。这一点是极为重要的。

杂草的生存战略多到令人瞠目结舌。接下来我们来看一下具有杂草特色的生存战略吧！

战略
1

占优策略

　　与蜜蜂相比，虻虫可以在气温较低的时候便开始活动。
因此，那些在春寒未退的时节中绽放花朵的杂草们便依靠虻
虫来传播花粉。

　　但是虻虫作为杂草传播花粉的合作伙伴，具有一个致命
的缺点。

　　与蜜蜂相比，虻虫绝对难以称得上是头脑聪明的昆虫。
因为蜜蜂是非常聪明的昆虫，所以它们可以选择将某种花粉
传播到同一种类的其他花朵上。但是虻虫却无法辨别花朵的
种类，它们会将花粉带到其他种类的花朵上。比如把蒲公英
的花粉传播到油菜花上，又把油菜花的花粉带到荠菜花上。
这样一来，这些植物便无法结出种子。那么植物该如何做才
能够驱使虻虫将花粉传播到同一种类的花朵之上呢？

　　其秘诀就是集中开花。

　　虽然虻虫在漫无目的地围绕着花朵飞来飞去，但是如
果同一种类的花聚集在一起共同开放，那么虻虫大概率会
围绕着同一种类的花飞来飞去。通过缩小虻虫的移动范
围，便可以使虻虫高效率地围绕同一种类的花进行采食。

　　另外，与蜜蜂相比，虻虫的飞行能力较差。因此，即便

虻虫漫无目的地胡乱飞翔，只要蒲公英等杂草集中开花，仍然可以达到在同种类之间授粉的目的。

实际上，在春天盛开的花草大多数都是依靠虻虫来传播花粉的，所以这些植物会形成大面积的群落来成群结队地绽放花朵。

春天一到，大量的花朵便聚集在一起共同开放，田野之中也就出现了花团锦簇的景象。在商务界中也存在众多商店聚集在某一区域内集中营业的情况。这种现象被称为"占优策略"，与花朵集中开放的事例极为相似。

日本的蒲公英分成两类：一种是自古以来就存在的日本本土蒲公英，另外一种是明治时代之后从西方国家舶来的西洋蒲公英。在这两大种类蒲公英中，只有日本本土蒲公英才会采取集中开花的战略。而从西方国家舶来的西洋蒲公英则不需要群体聚集就能够单独地生活下去。西方国家舶来的西洋蒲公英的周围即便没有伙伴的存在，它们仍然可以单纯依靠自身特殊的能力来生产出种子。因此，即便一株蒲公英也可以孑然一身地生存着。

战 略
2

国际化策略

在商务界，具有特定专业才能的人被称之专业性人才，而能够大范围地在众多领域内发挥作用的人被称为综合性人才。

在生物界中也存在着擅长应对特定环境的"专业性人才"和能够在广泛的生存环境中大展身手的"综合性人才"。

那么"专业性人才"和"综合性人才"究竟哪一个更有利呢？

从自然界中生物生活的范围来看，"专业性人才"的数量较"综合性人才"的数量具有压倒性优势。

生物为了获得"能够成为第一名和唯一"的利基，就必须成为该生活环境中的"专业性人才"。但是在自然界的生物中也存在着许许多多的"综合性人才"，它们分布在各种各样的环境之中。换句话说，"综合性人才"也具有相应的存在价值。

在某一种环境中占据有利地位，就意味着在其他的环境中处于不利的地位。这就是我们在前文当中所提到的顾此失彼的"权衡"关系。这种"权衡"关系越强，就越有必要成为"专业性人才"。

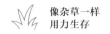

一旦这种"权衡"变弱，那么能够适应种种环境的"综合性人才"便会占据有利的位置。

我们把活跃在世界范围内的国际人才称为世界公民。在杂草世界中，我们也会把那些在世界范围内随处可见的杂草称为"杂草世界公民"。

当我们去国外旅行的时候也会看到一些和日本本土杂草一模一样的杂草。这些杂草就是所谓的"杂草世界公民"。能够成为"杂草世界公民"的条件就是在任何环境中都能够生存下去的广泛适应性。

虽然杂草可以适应变化的环境，但是却也存在着它们擅长应对的环境和不擅长应对的环境。比如有的杂草擅长应对被踩踏的遭遇，而有的杂草则擅长应对被割除的挫折。如果想要在自己所擅长的生活空间中继续生存下去，一定程度上必须具有相应的专业能力。水田中的杂草就是能够适应水田环境的杂草，路边的杂草就是能够适应路边环境的杂草。

这样一来，杂草便会困于"权衡"关系之中。从某种层面上来讲，持续被踩踏的遭遇或不断被割除的遭遇其实是一种可以预测的变化。或者从某种层面上来讲，我们也可以称之为"安定的环境"。

但是"杂草世界公民"不喜欢这种被约束的固定的变化，它们在不断地谋求真正的不安定的环境。而满足这种不安定环境条件的场所到处都有——那便是整个世界。

"杂草世界公民"在谋求不安定生活环境的同时，也在

像杂草一样
用力生存

世界范围内不断地扩大的自己的生存范围。

关于微生物的研究表明，大多数的微生物正在从"综合性人才"向适应某种环境的"专业性人才"过渡。但是，适应某种环境的"专业性人才"会面临一种风险——走到只适应某一种特定环境的死胡同之中。另外，该环境一旦发生变化，作为"专业性人才"的优势也会丧失。

在微生物界中，正是这些"世界公民"具有成功应对变化的能力。另外，这也是产生"新型专业性人才"的原生动力。普遍认为，从微生物的事例来看，生物的进化是朝着"专业性人才"的方向进行的，但是如果想要推动新的进化，首先必须要成为一个"综合性人才"。

战略
3

丛生策略

　　植物为了应对种种外界压力，会生长出莲座叶丛。

　　在寒冷、酷热或干燥的时节，植物都会生长出莲座叶丛。而有些杂草在面对被践踏或被割掉遭遇的时候也会生长出莲座叶丛来应对这种突如其来的厄运。

　　在日本，杂草大多是在冬季的时候生长莲座叶丛。

　　在寒冷的冬日里，很多人都弯着腰、迎着寒风向前施施而行。这样做的目的是尽可能地减少暴露在寒冷空气中的身体部位。换句话说，是减少暴露在寒冷空气中的身体表面积。相同体积下的表面积缩减至最小的时候，其形状会变成球形。因此，如果想要尽可能地减小表面积，那么就必须努力使形状接近于球形。

　　相反，在风和日丽、春意盎然的时节中又会是怎样的呢？此时的人们会尽可能笔直地伸展肢体，也可以在廊子和草坪上横卧躺下。大家这样做就是想让自己的身体能够充分地沐浴阳光。

　　我们人类在应对寒冷天气和暖和天气的时候会改变自己的姿势，但是植物却不能做到这一点。它们每天基本上保持着相同的姿势。冬天的寒冷虽然难以忍耐，但是它们仍然想要能够充分地沐浴阳光。更何况对于把光合作用当作生命之源的植物而言，光可以称得上是生命之线。所以它们究竟要保持何种姿势才能够在避免寒冷的同时还能够接受阳光的照射呢？

答案便是莲座叶丛。

在冬日的土地上，杂草会在紧贴地面的短茎上生长出一群叶片。这些叶片像玫瑰花瓣一样，呈放射状匍匐于地面之上、四散开来。因为这种形状类似于一种叫"Rosette"[1]的胸前装饰物，所以它也被称为"Rosette"。

莲座叶丛中的叶柄极短，几乎看不见。在这种短小的叶柄上密密麻麻地生长着的叶片紧紧地匍匐在地面上延展开来。这样一来，被寒气所袭击的地方只是叶片而已——严格意义上来讲，是叶片的表里两面。换句话说，被寒气所袭击的面积已经降到了最低的限度。之后，它们会依靠这种低眉顺目的姿态来抵御不断袭来的寒风。

在越冬的问题上，莲座叶丛这种生存方式能够发挥相当大的作用。在自然界中，有许多杂草即便属于同一种类，但只要开花，便可瞬间让人察觉出各自的不同之处。比如，以蒲公英为代表的菊科类杂草、因"三味线草"[2]这一名字而

[1] 玫瑰花结形饰物，多用缎带制成，为政党或运动队的支持者所佩戴，亦作为获奖的标志。——译者注

[2] 在原文中，该名字为"ペンペン草"。"ペンペン"原本是用来形容日本传统弦乐器三味线所发声音的拟声词。因为荠菜的豆荚形状与三味线的弦十分相似，所以人们用表示三味线所发声音的词来命名荠菜。因此，在此处将"ペンペン草"意译为"三味线草"。——译者注

为大家所亲近的荠菜类杂草以及别名为"月见草"的待宵草等。这些杂草会生长出外表看起来几乎一模一样的莲座叶丛来抵御寒冬。在反复实验、不断摸索的过程中，每一种植物都在不断进化，直至生长出形状相同的莲座叶丛。

但是这种莲座叶丛并不是充当着守卫的角色。

原本在寒冷的冬季里，杂草保持着种子的状态沉睡在暖和的土地中是一件非常惬意的事情，并且面临的风险也较小。尽管如此，莲座叶丛仍然在寒冷的冬日里特意生长出叶子来进行光合作用。

即使在寒冷的冬日里，莲座叶丛也仍然延展着叶片来进行光合作用。之后，便将获取的营养成分储蓄在位于地面以下的根部。

不久，待到春天来临之后，其他的植物便开始从种子里萌发出根芽。而那些生长出莲座叶丛的杂草此时会如何呢？

那些生长出莲座叶丛的杂草能够利用储藏起来的营养成分一鼓作气地向上延伸茎干，且以最快的速度绽放出花朵。

实际上，生长出莲座叶丛的杂草在与同类植物的竞争中处于劣势。

为了不与其他的杂草展开竞争，它们会在其他的杂草生长到枝繁叶茂之前，抢先开出花朵、留下种子。这其实是它们的一种作战方式。

如此想来，对于那些生长出莲座叶丛的杂草而言，冬天
不是一个令它们厌恶的季节，也绝非是一个必须要忍耐的季
节。正是因为有冬季这样一个其他植物不会生长的季节存
在，那些生长出莲座叶丛的杂草才能够获得成功。

战略
4

化感作用策略

　　一家独大的状态一定就是好的吗？

　　提出竞争战略的迈克尔·波特教授曾经指出，不要彻底击溃自己的竞争对手，要与良好的竞争对手共存。

　　不能出现唯我独尊的状况——这是自然之理。而教会我们这一道理的正是一种叫"麒麟草"的植物。作为一种杂草，麒麟草因为具有化感作用[1]而闻名。

　　所谓"化感作用"指的是某些植物分泌出一些化学物质来对其他植物产生影响的现象。

　　在植物界的竞争中既不存在规则也不存在道德，似乎一切都是合理的。因此，有些植物会从根部分泌出一些有毒的化学物质来对竞争对手展开攻击。这种物质堪称杂草的化学武器。将具有化感作用的植物的汁液施加到某实验对象上后，会对该实验对象的发芽和生长起到一定的抑制作用。甚至这种化学物质还可以造成其他杂草的枯萎。

――――――――

[1] 化感作用也叫异株克生，指植物通过根分泌的次生代谢有机化合物（化感化合物）在植物生长过程中，通过信息抑制其他植物的生长、发育并加以排除的现象。如松根分泌的一种激素可抑制桦木的生长，接骨木根系的分泌物对大叶钻天杨的生长也有抑制作用。——译者注

对于其他植物而言，这可以称得上是一种非常恐怖的袭击。

麒麟草是从北美洲传到日本的一种外来杂草。它们在不断驱逐日本本土植物的同时，也在日本境内蔓延开来。究其原因，大家普遍认为是它能够产生具有化感作用的物质。

但是，也仅仅如此。

生存在自然界中的大多数植物多多少少都具有一定量的化感作用物质。但是在自然界中，化感作用却没有带来较大的生态问题。

提起"使用化学武器"，很多人都不寒而栗。但是，植物为了避免自身遭受病菌和害虫所带来的伤害，它们本身就会生产出各种各样的化学物质。这些化学物质就有可能会攻击到周围的植物。这其实是一个相互作用。

生长在周围的、共同促进彼此进化的植物深谙此道，所以它们会竭力避免这种因化感作用而使自身枯萎的状况出现。它们在互相利用化学物质向对方进行攻击的同时，也在努力保持着平衡。依靠这种方式，在植物之间构建起了一个稳定的生态环境系统。

但是麒麟草是从国外传来的一种外来杂草。对于日本本土的植物而言，麒麟草所产生的化感作用物质是一种未知的事物，所以它们不知道该对此采取何种对策。因此，麒麟草可以通过自身产生的化感作用物质来轻松简单地打败日本的本土植物。

但是对于麒麟草而言，这只是走向灭亡的开始。毕竟，即便对于麒麟草而言，如此大规模地驱逐竞争对手也是从未有过的经历。

一旦蔓延开来的麒麟草霸占了整片土地，其所产生的有毒物质就会逐渐侵蚀自己的根芽、摧毁自身的生长。不久，麒麟草便会引发自身中毒而逐渐走向衰退和死亡。

在最近一段时间内，我们已经很少看到麒麟草像过去那样大规模地生长繁殖了。或许日本的本土植物也产生了耐受性吧。从某些方面来看，与芒草等日本本土植物相比较，麒麟草已经出现了败北之势。

实际上，麒麟草不过是在原产地美国田野上盛开的一种小花而已。如今看来，不断衰退的麒麟草似乎已经开始被打回原形。

正因为能够保持平衡，自然界的生态系统才得以建立。一旦失去平衡，任何事物都无法生存下去。

绝不允许出现唯我独尊的状况——这是麒麟草带给我们的经验教训。

战 略
5

寄生策略

有一些生物会从其他生物处夺取营养来维持自身的生存，我们把这种现象称为"寄生"。

据说在我们人类的身体中就存在着大量的寄生虫，它们在不断地夺取我们的营养成分来维持自身的生存。

在植物界中也同样存在着许多寄生植物。这些寄生植物无须依靠自身力量来进行光合作用，它们只会从其他植物那里夺取营养成分来维持自身的生存。这是一种多么厚颜无耻的生存方式啊！这也是一种多么狡猾的生存战略呀！

如前文所述，植物界的竞争没有任何的规则和道德可言，似乎一切存在都是合理的。在自然界中，寄生战略也是一个非常了不起的生存战略。

这样想来，似乎那些不依靠自身的能力、单纯榨取对方血汗的寄生战略是非常有魅力且有利于生存的战略。但有时候也并非如此——这也是自然界中非常有趣的一面。

实际上，采取寄生战略的植物为数不多，且仅仅局限在杂草之内。

因采取寄生战略而闻名的代表性杂草便是菟丝子。如名字所示，菟丝子没有根[1]。既然没有根系，那便不会生长出枝叶。但是它们却可以寄生在其他的植物之上来夺取对方的营养成分。

因为它们无法依靠自身的力量来进行光合作用，所以它们无法呈现出绿色，只能保持一种黄白色的细绳般的样态。如果你在某种植物的叶子上发现有黄色的尼龙线或拉面般的东西时，那便是菟丝子。菟丝子像瞄准猎物的蛇一样，向四周延伸着藤蔓。

之后，一旦捕捉到猎物便会不断地生长出像牙一样的寄生根，并慢慢地将根深深地嵌入到猎物的身体之中。

这是一种多么恐怖的杂草呀！

但是令人感到意外的是，菟丝子并不能够大面积地广泛生存。如果我们仔细地观察菟丝子的生活领域，就会发现等到了第二年后，大多数的菟丝子便消失不见了。所以菟丝子绝非可以称得上是一种成功的杂草。

寄生不是一种轻松简单的事情。一旦营养成分被掠夺，那么作为寄主的植物便会不断衰弱。那些被掠夺营养成分的植物会逐渐丧失竞争力，害虫便不断地聚集于此。之后不久，作为寄主的该植物便枯萎了。这样一来，无法进行光合作用的菟丝子也会随之而枯萎。这就是所谓的"皮之不存，

---

[1] 在日语中，"菟丝子"写作"ネナシカズラ（根無葛）"，从字面上来看，是"无根之葛"的意思，所以作者在此会说"菟丝子没有根"。——译者注

毛将焉附"。

这种不依靠自身力量而夺取对方营养物质的生存方式，风险较大。想要依靠寄生策略来生存，需要做好充足的思想准备。

因此在自然界中，采取寄生策略的杂草为数不多。

即便在不讲道德和规则的竞争中，寄生策略也绝不会获得成功。这样想来，或许菟丝子非常可怜，但不知为何，看到此情此景却能够让人松一口气。

战略
6

藤蔓策略

能够依靠藤蔓不断延伸自身的"藤蔓植物"，可以称得上是一种采取有效生存战略的植物。

提起藤蔓植物，或许大多数人会想起小学生们栽培的牵牛花。

把牵牛花的种子播撒进土壤之后，最先长出来的是两个子叶[1]，之后长出一片真叶[2]。但是如果我们连续不断地做好观察日记，会发现长出真叶之后其生长速度会令人大吃一惊。牵牛花会不断地生长出叶子并迅速地延伸出藤蔓。如果我们在做观察日记的时候，稍微偷懒懈怠的话，会发现牵牛花的藤蔓长度似乎是一瞬间就超过了一个孩子的身高。只要藤蔓攀爬所依附的支柱足够长，不久它们就能攀爬至家里的屋顶之上。

---

[1] 子叶为暂时性的叶性器官，它们的数目在被子植物中相当稳定，成熟胚只有一片子叶的称为单子叶植物，如小麦、百合等；有两片子叶的称为双子叶植物，如油菜、大豆等。——译者注

[2] 真叶是植物真正意义上的叶子，一般由托叶、叶柄、叶片构成，真叶的大小、色泽、厚度和形态各不相同，并因品种、季节、树龄、地理条件及农业技术措施等不同而有很大差异。——译者注

这种快速成长正是藤蔓植物的生存战略。

　　一般的植物必须依靠自身的茎干才能够站立起来，所以它们在生长的同时也必须要加强茎干的支撑力量。但是依靠藤蔓来延伸的植物只需要依附一个可以支撑其攀爬的物体便可以不断生长，而无须借助自身的力量站立起来。

　　由于它们没有必要让自己的茎干变得结实有力，所以它们会将这一部分的营养物质应用于自身的生长之上，且可以在短时间内实现显著的生长。

　　在植物界中，能够以何种速度来生长是能否取得成功的关键。如果能够抢先一步迅速成长，那么便可以占据广阔的生存空间、充分地沐浴阳光的照射。

　　对于进行光合作用的植物而言，日照权（自然采光权）是关系生死的问题。一旦生长得较慢，便会被其他的植物所遮挡而无法充分地享受阳光的照射。如果它们甘愿生活在其他植物的阴影之中，那么其生长速度便会逐渐减缓并在生存竞争中被淘汰。这样一来，它们就会变成生长在阴影之中的"完败植物"。

　　因为在自然界中并不存在栽培牵牛花时所使用的支柱，所以它们需要缠卷在其他的植物之上，依靠其支撑力量来不断地延伸自身的长度。

　　虽然这种依靠他人的力量来向上延伸的生存方式有些厚颜无耻，但是藤蔓植物正是依靠这种方式才实现了迅速生长。与那些切切实实依靠自己的茎干来直立生长的植物相

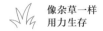
比，藤蔓植物或许显得有些狡猾。但是就群雄割据的植物
界而言，藤蔓植物的这种生存策略是一种十分有效的战略
战术。

图 10-1　菟丝子

III

杂草的
处世哲学

在本书中，我们以杂草这类植物作为讨论对象介绍了杂草的生存战略。

但是仔细想来，会发现"杂草"本身就是一个令人感到非常不可思议的词语。

另外，日本实际上是一个非常喜爱杂草的国家。这一点同样令人感到不可思议。

毕竟在日语中有"杂草魂"的说法。

对于人类而言，杂草可以称得上是一种扰乱分子或敌人，但是我们却也能够从杂草当中发现其强大之处。

杂草是一种植物。我们可以从这些植物中发现其精神气概之所在。

日语中的"杂草"是一个非常令人不可思议的词汇。另外，日本也是一个非常令人不可思议的国家。

我时常在想，日本不正是最适合采用杂草生存战略的国家吗？

眼下，在全球化的浪潮中，日本的企业正在进行苦争恶战。

日本是一个处于逆境之中的国家，也是一个处于变化之中的国家。

这样想来，这个国家要从杂草身上学习的东西有很多。

实际上，从古代开始日本人就发现了杂草的精神并学习杂草的生存战略。

在这本书的最后，我想谈一谈杂草与日本人的关系。

第 11 章

杂草与日本人

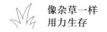
于日本人而言的杂草生存战略

■ 一个热衷于杂草优势的国家

杂草是一种令人困扰和厌恶的植物。

尽管如此，在日语中却有"杂草魂"的说法。这一点令人感到非常不可思议。除此之外，日语中还有"杂草军团"这一表达方式。

在运动界，那些非精英的、默默无闻的奋斗者被称为"杂草军团"。所以，"杂草"一词不是绝对意义上的贬义词。当"精英团队"与"杂草团队"之间进行比赛的时候，大多数的日本人都会支持"杂草团队"。

杂草原本是一种令人厌恶的植物，但是日本人却将"杂草"当作褒义词来使用。当自己被别人评价为"像杂草一样的人"时，日本人能够从这句话中体会到被表扬的感觉。这一点着实令人不可思议。

当然，也有一些人在被对方称为"杂草"之后会产生厌恶感。但是比起被大家称为"温室里的花朵"，更多的人想被对方称为"杂草"。

温室里的花朵是在非常优越的环境中被认真培养出来的精英植物。但是比起精英植物，日本人更喜欢杂草。

据我所知，只有日本人会把"杂草"当作褒义词来使用，并且在被对方称为"杂草"之后产生喜悦之感。

比如在英语之中，"weed（杂草）"一词便充满了贬义的色彩。比如，在英语中就有"Weed never die（杂草永不死）"和"Ill weeds grow apace（莠草易长，恶习易染）"之类的说法。这些俗语都是"好人早过世，歹人磨世界"的意思。

如果你评价某位欧美人士为"一个像杂草一样的人"，那么对方一定会火冒三丈。

■ 欧洲大陆上到底有没有杂草呢

看到上面的论述，或许会有很多人认为欧美的杂草生长得更为旺盛，是一种比日本杂草还要令人厌恶的存在。但事实并非如此。

和辻哲郎[1]在其著作《风土》一书中写道："欧洲大陆上没有杂草。"此言一出，便给人一种欠斟酌的感觉。

当然和辻哲郎绝非对欧洲大陆一无所知。不但如此，和辻哲郎在欧洲留学的时候，曾经对欧洲大陆的自然和风土进

---

[1] 和辻哲郎（1889—1960）是日本大正至昭和时期著名的伦理学家、哲学家和思想家，被称为"日本比较文化研究的集大成者"。作为与西田几多郎齐名的近代日本有独创性的哲学家，其核心思想主要由两部分组成：其一是风土论，其二是伦理学。——译者注

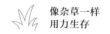
行了细致的观察研究。最后他得出的答案是——欧洲大陆上没有杂草。

日本境内高温多湿，是非常适合杂草生存的气候。因此，一旦人们疏于除草，杂草便会密密麻麻地生长开来。与日本相比，寒冷且干燥的欧洲大陆确实给人一种"没有杂草的"生活环境之感。

所以与欧洲的杂草相比，日本的杂草是一种更为令人烦恼的存在。尽管如此，日本人却在为杂草感到烦恼的同时，也对杂草报以某种热爱之情。

■ 杂草绝非是恶草

所谓"杂草"究竟是什么含义呢？

"杂草"一词并不包含任何贬义色彩，也绝非是莠草或恶草。

"杂草"的"杂"与"杂志""杂学"的"杂"一样，都是"非特殊且各种各样"的意思。同时，它又与"杂木""杂鱼"一样完全不具有任何负面色彩。

实际上，"杂草即为恶者"的说法是日本明治时代之后从西方世界传来的。

西方世界的人要求非常明确地区别善与恶。

善良的事物是神赐给人们的馈赠，而邪恶的事物则为恶魔所支配。杂草就是恶魔的所有物，所以它是邪恶的。

善与恶之间具有明确的界限。因此，人们必须充当裁判的身份来对其进行善与恶的审判。

但是从东方思想上来看，事物的表与里共为一体，善与恶也是同为一体的。

因此杂草同时具有善与恶两方面的性质。

比如艾草本是生活在旱田之中的杂草，但它又是制作艾草年糕的原材料。虽然杂草是一种令人厌烦的植物，但是人们又会为其勇猛果敢的气概所折服，并将这种气概称为"杂草魂"。

这就是日本人对待杂草的态度。

杂草理所当然地既具有善的一面，也具有恶的一面。但是西方人绝对不会像制作艾草年糕那样对艾草等杂草进行充分的利用。

在英语中，"杂草"一词写作"weed"，是一种邪恶之草，就连那些用来制作麻药的大麻等植物也被称"weed"。当然，西方社会中也有人会使用草类。但是不会被称为"weed"，而是被叫作"herb（香草）"。

杂草之中包含着很多药草。在西方世界中，人们会把那些能够从杂草之中提炼出药物成分的怪异技术称为"魔法"，并把非常了解杂草的人称为"魔女"。

在他们看来，善与恶是两种泾渭分明的事物。

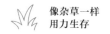

■ "杂"的分类方法

日本人从没有把杂草当成邪恶的事物。或许他们觉得杂草会令人感到厌恶和苦恼，但是他们却也可以从杂草的身上发现"杂草魂"这样一种精神气概。

在西方国家，人们按照十字花科、禾本科等分类标准对植物进行体系化分类。所有的植物都可以被归结到某一种类之中。

自然是神赐给人类的，所以人类可以对所有的自然之物进行分类归纳。

但是日本的分类方法却与此不同。

比如，我们把能够从中获取纤维的植物叫作"麻"。在被称为"麻"的植物中，既包含亚麻科的亚麻、锦葵科的黄麻，也包括荨麻科的苎麻等。

在我们平时所喝的茶中，既包括我们所熟知的山茶科的茶，也包括一种被叫作"豆茶决明"[1]的豆科类的茶。甚至

---

[1] 豆茶决明是豆科、决明属一年生草本植物。主要分布于中国、朝鲜、日本等国家。豆茶决明地上部分及种子可入药，主治水肿、肾炎、慢性便秘、咳嗽、痰多等症状，并有驱虫健胃之效，也可代茶饮用。——译者注

日本人在"花神祭"[1]上所喝的甘茶[2]也是一种属于虎耳草科的植物。

这是根据使用方法的不同来对其进行分类。

这样一来，或许有人会担心将出现大量无法被分类的植物。但是这种担心是毫无必要的，因为那些不适用该规则的植物都被称为"杂草"。

■ 不明确回答"是"与"非"

西方人在面对问题时，需要明确地回答"是"或"不是"。

赞成或是反对、是善或是恶。这是西方人的思维方式。

但对于日本人而言，他们会觉得同一件事情可能同时具有好的一面与不好的一面。单纯回答"是"或者是"否"的话，可能都与事实不相符。

"既不是这样，也不是那样"——或许这是日本人最质朴的回答。

---

[1] 在日本爱知县北设乐郡一带地区，每年12月至来年1月，要举行传统的"神事花舞"会，日语中称"花祭"或"花神祭"。花神祭是日本霜月神祭的一种，也是日本的一项古老的祭祀活动。——译者注

[2] 日本甘茶属于虎耳草科多年生落叶小灌木，株高30~80厘米。甘茶喜温暖湿润，不耐干旱，耐寒性差，忌烈日曝晒，除夏季8月极高温外，一年四季都可种植。种植当年可适当收获叶片，以后每年都可采叶，可作为天然保健茶及天然甜味剂和糖尿病人饮用的甜品。——译者注

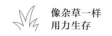

　　如果说他们的回答模糊不清，的确是模糊不清；如果说他们办事非常拖泥带水，也确实是拖泥带水。

　　总之，会给人一种像"杂草之杂"般的感觉。

　　无法明确回答"是"或"否"的日本人在世界范围内受到广泛的批评。但是，正是这种"模糊不清"成了日本人的武器。

　　对于某一件事，能够明确回答"是"的人占20%，能够明确回答"否"的人占10%。根据少数服从多数的原则，"是"这一意见被采纳了。

　　这就是善恶分明的世界。

　　但是仔细想来，回答"既不是是，也不是否"的人占据了70%。原本只有"是"或"否"这两个答案吗？任何事物都有表里两面，也具有善恶两种性质。

　　就像在杂草的身上同时存在着好的方面和坏的方面那样，事物本身就是模糊不清的。

■ 自然界中不存在区别

　　对于学习现代科学成长起来的我们而言，这种是非不甚分明的世界似乎很难理解。但是的确并非所有的事物都能够清楚地区分出是非对错，也很难做到泾渭分明。

　　陆地之上本没有界限，但是人们却在没有界限的大地上区分界限，设置国境线来区分自己的国家与邻国。

富士山的分布范围有多大呢？

富士山脚下坡度缓和的原野面积广阔，在这片大地上并没有一个明确的界限来划定富士山的范围。既然没有界限的话，那么任何地方都可以称得上是富士山。就连东京和大阪也位于富士山脚下的原野之上。

自然界中的所有事物都不存在任何界限。所谓"界限"只不过是人们为了分类和整理事物而自作主张制定的一些规则而已。

比如海豚和鲸鱼究竟哪里不同呢？

从生物学上来看，海豚和鲸鱼的确不同，但是其中的界限却很难划分。从表面上来看，通常人们把身长小于3米的小型种类称为"海豚"，把身长大于3米的大型种类叫作"鲸鱼"。这是一种单纯依靠长度大小来进行区别分类的方法。从生物学上来看，海豚和鲸鱼之间并没有明确的不同。之所以把它们归为不同的种类，只不过是人类自作主张地划清了其中的界限而已。

所谓"分类"究竟指的是什么呢？

■ 科学就是区分、比较和理解

在西方社会的基督教世界观中，普遍认为世界是神创

造的。

在神创造的世界中，必然存在着某种秩序。而能够将这种神创造的秩序明白示人的便是诞生于西方社会中的自然科学。

如此这般，人们便对自然之物进行了整理。

与高温多雨、草木丛生、昆虫众多的日本相比，在基督教广泛传播的西方社会生活的生物种类要少得多，那里的生态系统也要单纯得多。因此，他们便可以比较轻松简单地对大自然的组织架构进行整理。

另外，为了能够克服自然并把神赐予人类的自然之物灵活地运用于创造人类幸福的伟大事业之上，西方社会在努力地推动着自然科学向前发展。

人类的大脑无法囫囵吞枣地理解过于错综复杂的事物，所以有必要对其进行简单化处理和分类整理。

对事物进行细致化区分、比较和理解——这是科学的基本手段。

西方社会的人们就是这样对自然界进行分类和整理的。

■ 无法完全分类的丰富性

假如只有十个种类，我们便可以根据形状和颜色的不同来尝试对其进行分类。分类之后，人脑就能轻易地对其进行整理和理解。

但是如若有成千上万种事物，我们该如何做呢？这样一来，人类的头脑便无法对其进行整理了。

实际上，日本的自然之物是多种多样的。因此，日本人无法像西方人那样来对自然之物进行整理。

比如，我们所熟知的"绿色"和"青色"就具有明显的不同。

但是在日本的传统色彩认知中，"绿色"和"青色"并没有太大的区别。像这种日本人认为区别不大的色彩还有许多。"绿色"和"青色"的界限是非常模糊的，以至于无法进行完全的区分。就像"绿叶"[1]和"青菜"这般，由于"绿色"和"青色"的界限非常模糊，所以人们把它们统称为"青"。

之所以日本人会认为"绿色"和"青色"没有区别，并不是因为他们缺少观察颜色的眼睛，而是因为日本世界中的颜色种类过多。

在西方社会中，大自然之景是比较单纯的。人类在看到这些事物之后便对其进行区分。这样一来，分类学便得到了发展。

尽可能地使复杂事物简单化并对其加以理解——这种做法能够促进逻辑思维的发展。但另一方面，日本的自然之物

---

[1] 在日语中，把"绿叶"称为"青叶"。——译者注

过于丰富，生物种类也是多种多样的。而这种丰富性是人类
无法通过自身力量来进行整理的。也正因为如此，分类学并
没有在日本发展起来。

这样一来，无法整理的"杂"便诞生了。

■ 坦然地接受模糊性

日本人是模糊不清的、是非逻辑的、是拖泥带水的。甚
至日本人无法辨别"青色"和"绿色"，也无法判断杂草是
善还是恶。

这就是西方人眼中的日本人。

从擅长对事物进行分类整理的西方人看来，日本人是令
人无法理解的一类人。

毕竟，在现在的社会中人们所崇尚的是科学至上主义。

日本人这种模糊不清的想法与科学的逻辑思考完全不搭边。

但是科学就是万能的吗？生活在21世纪的我们现在开始
逐渐感觉到科学并非万能的。

自然界中的事物并不是我们人类简单理解的那般单纯。
某些事物可以通过简单化处理来促使我们理解，也有些事物
即便经过简单化处理之后仍然不可理解。甚至简单化处理之
后会导致某些错误的出现。

无论科技如何发达，无论我们使用什么样的科技手段，

无法证明的事物就是无法证明。科学拥有强大的力量，但也存在着界限。

自然界并不是单纯的，反而存在着许多模糊不清且难以理解的事物。

我们不妨坦然地接受这种"模糊性"。难道我们真的有必要对"模糊不清"感到羞愧吗？

■ 老奶奶的植物学

我曾经拜访过一位深居山村的老奶奶。

这位老奶奶了解山野中生长着的所有植物，并逐一教给我这些植物的名字。

路边有一株植物盛开着夺人眼球的花朵。我指着这株植物问老奶奶它的名字是什么？老奶奶回答："这个嘛！这个是杂草啊！"

老奶奶对所有可食用草类以及在生活中有用的植物都了如指掌，但是除此之外的植物都被她称为"杂草"。她并不是不知道这些草类的名字，只是对于她而言，这些就只是杂草而已。

在自然界中不存在任何差别，所以我们完全没有必要按照目科属种的标准来对植物进行分类。

我们不知道生长在路边的杂草究竟是良草还是恶草。说

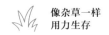

不定它们在生态系统中承担着重要的作用呢！但是由于人类无法理解复杂的大自然，也始终理解不了大自然。对于老奶奶而言，杂草就只是"杂草"而已。

"杂草"一词便代指了所有的杂草。这种想法正是在物产丰富的大自然中生长起来的日本人所持有的自然观。

日本社会与西方社会是不同的。在日本社会中既不存在被称为"Herb"的良草，也不会存在被称为"Weed"的恶草，他们只会用"杂草"一词来指代所有的杂草。

■ 把杂草当作家徽

杂草并非如同人们想象的那般微不足道，甚至还可以称得上是一种非常有趣的植物。

毕竟，在日语中就有"杂草魂"这样的说法。

甚至还有人会把杂草当作自己的家徽[1]——这种事情的确令人津津乐道。

比如，酢浆草家徽就是日本五大家徽之一。这种家徽是

---

[1] 家徽，也叫家纹，全称为家族纹章，常见于西欧和日本。日本自古用徽章，家徽成为家族、家世的记号。根据日本辞书《広辞苑》中的解释，意为用来表示家族地位和血统而使用的纹章。家徽一般被设计成一个圆形饰物，中间有图案，比如羽毛、花卉或一些人工制品等。家徽的种类千差万别，通常使用的种类有300~500种。其变形和其他图案一起使用的据说有上千种。从取材来看，有动植物、自然现象、人工建筑、单一的几何图形等。这与盾形纹章类似，标志着某一特定的家族血统或获得某些功勋的个人。——译者注

一种形状如同将三个心型组合起来的设计，呈现出一种均匀平衡之美。

这种酢浆草家徽自古以来就很受欢迎，特别是战国时期的武将非常喜欢使用。

但是也存在着令人不可思议的地方。

作为该家徽原型的酢浆草是一种只能开出数厘米大小花朵的杂草。除此之外，酢浆草还是一种在除草之后便将种子撒向各处来增加自身数量的一种令人厌烦的杂草。

对于格外注重家风和血缘关系的战国武将而言，能够代表家庭的家徽是非常重要的。既然这样，那他们为什么要选择这种不值一提且令人厌恶的杂草作为家徽呢？并且这种家徽还非常受人欢迎，这的确令人感到不可思议。

对于战国时代的武将而言，最重要的事情并不是在战争中取胜，而是如何在生存艰难的战乱世界中顽强地生活下去，同时还要保证自己的家族永不断绝。

因为酢浆草是一种体形较小的杂草，所以即使它们面临着数次被拔除的命运，也仍然能够顽强地保留下种子、延续生命。战国的武将们会在酢浆草的身上寄托"家族永存"和"子孙繁荣"的愿望。

也有人会把稻田中生长的杂草泽泻[1]作为原型设计出

---

[1] 多年生水生或沼生草本。全株有毒，地下块茎毒性较大。生于湖泊、河湾、溪流、水塘的浅水带，沼泽、沟渠和低洼湿地亦有生长。花较大，花期较长，可用于花卉观赏。——译者注

"泽泻家徽"。这种家徽在战国武将中也非常受欢迎。因为这种杂草的叶子与箭头非常相似，所以它也被称为"取胜草"。但是在非常重视稻米生产的古代，能够将稻田中的杂草当作吉祥物的这种想法的确令人惊叹。

日本人从这种微不足道、体形较小的杂草身上发现了"强大"。

从弱小植物中发现强大

如此说来，日本的家徽大多数以植物作为设计原型。而在西方社会中，人们则多以鹫、龙、狮子、飞天马和独角兽等看起来非常凶猛强大的生物作为设计的原型。

当然，在西方社会中也有人会把植物作为图案设计的原型。

但是在设计徽章时所使用的植物图案都是非常高贵典雅的。比如路易王室的徽章原型是百合花、法兰西王室的徽章原型是鸢尾，而英吉利王室的徽章原型是玫瑰花。

与此不同，日本王室贵族的徽章原型是菊花。另外，屹立300年之久的德川将军家族的家徽是"三叶葵"[1]。

---

[1] "三叶葵"是一种富有寓意的图案。寓意是希望家族武运昌盛，在乱世中生存图强、发展崛起。——译者注

酢浆草家徽

泽泻家徽

图 11-1　杂草是设计家徽的原型

这种"三叶葵家徽"的原型取自一种生于地面上的叫作"双叶细辛"[1]的不起眼的朴素植物。

在日本，同样存在熊和鹰等强壮的生物，也有人会把狮子和老虎等作为图案原型来使用。甚至也存在许多以鬼和龙等看起来异常勇猛的原型。

尽管如此，日本人在设计家徽的时候仍然会选择将体形弱小的植物作为原型。从表面上来看，这种植物绝非是强壮的生物。但日本人正是从这些默默盛开花朵的植物身上发现了强大之处。

或许古代先哲们比生活在现代社会中的我们更了解何为"强大"。

---

[1] 别名为"乌金草"，是马兜铃目、马兜铃科、细辛属植物，多年生草本，目前尚未由人工引种栽培。——译者注

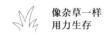
以小博大

强者未必获胜，大者未必坚强。

在本书开篇处，我曾经提到过"以小博大"。

"以小博大""以柔克刚"——日本人似乎很喜欢此类的说法。

并不依靠力量来取胜，而是要顺势引导外来力量转向别处——这是杂草的基本战略。

当提及杂草的生存战略时，我便会不由自主地想起日本人。

日本人深深地了解杂草的强大之处。

并且，日本人与杂草是极为相似的。

在日本有"判官赑屃"[1]的说法。

当日本人在观看高中生棒球比赛时，如若参赛双方均不是自己家乡的团队或自己喜爱的团队，那么他们一定会为失败的一方呐喊助威。比起那些精心挑选队员的强大的精英队伍，他们会把加油声送给那些弱小的"杂草军团"，会把更响亮的掌声送给失败者。

比起胜利者和英雄而言，日本人更倾心于"杂草"。

在日本传统武艺相扑比赛中，如果体型较小的力士能够打败彪形大汉，人们便会为其拍手喝彩。

---

[1]"判官赑屃"在日语中意为"恻隐之心，同情、偏袒弱者和不幸的人"。——译者注

日本人所喜爱的"强大"并不是"体型巨大、肌肉饱满"这种表面上的强大，而是体型弱小的事物通过自己的技巧和方法来获取胜利。这才是日本人所喜爱的"强大"。

这与本书当中所介绍的杂草生存战略难道不是如出一辙吗？

■ 灵活应对变化的日本人

杂草可以对"逆境"和"变化"加以灵活运用，将其变成正面的强大优势。

日本是一个喜爱"变化"的国家，也是一个能够从不安定的因素中发现价值的国家。

或许会有人对这样的表述持反对意见，认为事实并非这样。因为日本是一个岛国，在该领域并没有发生过足以改变国家疆域的大型战乱和革命。

日本的自然环境是不安定的。

松尾芭蕉曾经如此吟咏夏日之草："夏日草凄凉，功名昨日古战场，一枕梦黄粱。"[1]

毕竟日本的杂草生长得极为迅速。"陋室空堂，当年笏

---

[1] 此句是在奥州高馆古战场上吟咏的感怀之语。描述的是源义经被藤原泰衡包围，弁庆、兼房等忠臣守城浴血奋战，义经壮烈牺牲的历史。——译者注

满床。衰草枯杨，曾为歌舞场。"曾经血战疆场，如今唯余藤蔓绕残垣，杂草丛生，绿意茫茫。云烟过眼朝复暮，怎管他世荣枯与兴亡。

花开花落，草木丛生。花草树木的生长改变着自然之景。

日本的大自然变化无常，风景也随之发生改变。川流不息，然其水非原来之水。之于世人，亦是如此。晨有人死，暮有人生。人生不可逆，旧时不再来——此乃世之常理。认真观察体味日本之自然风景后便可产生此等切肤之感。

松尾芭蕉从夏日之草中看到了世事无常、人世变化之光景，进而吟咏出了人生的短暂与虚幻。

大自然是处于不断变化之中的。当我们看到这种自然之景时，每个人都会产生刹那之感，也会感受到"活在当下"的重要性。

日本人是不会甘愿受制于安定环境的，他们能够从这种变化的不安定要素之中发现价值。

佛教之中有"诸行无常"的教义。

所谓"诸行无常"，指的是世间所有事物都是不安定的，都处于不断变化之中而不能够永远保持不变的状态。

对于日本人而言，这一佛教教义的确是非常容易理解领会的。因为在草木茂盛的大自然之中生长起来的日本人，每天都会产生这样的感悟。

■ 应对较大的变化

在日本的大自然中经常会发生一些毫无征兆的较大变化。

这就是天灾。

从世界范围上来看，日本都可以称得上是非常少见的多天灾之国。但是在漫长的日本历史中，他们的祖先在无数次遭遇巨大的灾难时，却能够顺利地应对这些变化。

即便生活在科学技术如此发达的21世纪的我们也仍然无法避开一些灾难。

日本每年都会发生洪水灾害和地震灾害。直到现在，这些自然灾害仍然无法消弭，所以人类才设计出种种防灾设备并研发出预测技术。如此想来，在没有这些防灾设备和预测技术的古代日本，其面临的灾难更为严峻。

当发生较大变化时，日本人能够发挥自己的优势之处。

在东日本大地震的时候，日本人也没有发生任何骚乱。每个人都在维持秩序的同时排起了整齐的队伍。之后，所有的人互相配合、互相帮助、互相支撑，共同抵抗了这场天灾。

在每次应对变化的时候，日本人都能把逆境化作力量，把变化变为动力。

这就是这个国家的强大之处。

表面的强大并非强大，只有这种强大才是日本人所熟知

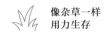

的强大。

在充满逆境的时代，这种精神正是人类的强大之处。

在充满变化的时代，这种气概正是人类的强大之处。

我们深知杂草的伟大。

我们能够从杂草的身上来学习这种伟大的精神。

这本书是一本论述杂草生存战略的书。或许从来没有人想过要从杂草身上来学习生存战略。

日本正是一个能够从杂草身上学习生存战略的国家，也是一个拥有"杂之哲学"的国家。

后记
真正的杂草魂

　　无数次被踩踏，无数次重新站立起来。

　　即便遭遇种种艰难困苦，也仍然能够咬紧牙关站立起来。

　　当听到"杂草魂"一词时，很多人可能会觉得"杂草魂"就是"即便被踩也要努力站立起来"的精神。

　　实际上，想必各位读完这本书后，想法一定会发生改变吧？

　　杂草的生存方式并不是"根性论（忍耐痛苦而成的精神力）"的表现，而是一种更合理且更具有战略性的生存方式。

　　如同我在本书中所介绍的那样，很多人认为"杂草魂"就是杂草在被踩踏之后仍然能够坚强不屈地站立起来。这种想法其实是一种错误的理论。

　　当然，如果杂草仅仅被践踏一次，或许其仍然可以坚强地向上生长。

　　然而在被数次踩踏之后，杂草便放弃了向上生长的欲望。

　　被踩踏之后便放弃向上成长——这才是真正意义的"杂草魂"。

对于杂草而言，最重要的是保留下种子。

正因为如此，杂草在被践踏之后便不会再把精力投入到向上生长这种无用的事情上。它们要考虑的是在被踩踏之后如何才能竭尽全力地保留下种子。

这就是生存于逆境之中的杂草所采取的生存战略。

这也是生存于不可预测的变化环境之中的杂草所采取的生存战略。

"永远不能忘记最重要的任务"——这才是真正意义上的"杂草魂"。

那些自诩头脑聪明的人在逆境之中也会慌慌张张地想要崭露头角。但是一旦出现不可预测的变化，他们便会手足无措，错过了最重要的东西。

此时，我希望大家能够去看一看杂草，并认真学习杂草的生存战略。

假如我们现在生活的时代充满逆境和不可预测的变化，那么对于我们而言"不可改变的重要事物"究竟是什么呢？

似乎这也是杂草一直面临的问题。

在由商务策划公司V-COMON主办的研讨会和学习会上，我与来自业内不同企业的同人们就日本的商务战略进行了反复的探讨和研究。在此基础上，我完成了这本书的创作。为此我要向V-COMON公司的嶋内敏博先生、田村义晴女士以及佐相秀幸女士和参加讨论的各位企业同人深表谢意。

最后，我也要郑重感谢日本实业出版社的细野淳先生为本书提供刊行机会并倾尽心血于本书的编辑工作之上。

感谢各位!